iiMage
Weekly

Fin_ _ _ _e
CO_ _ _ S
In yo_ _ _ _d

Yean, _ _ _ _ _
with _ _ _
Hone _ _ _ _

EUCALYPTUS
Flower color is not _ _ _
the flower large _ _ _
invariable love.

U0216416

That you are not alone, for I am here with you, thoug_ _ _ _ _ _ _ _ to stay
For you are not alone, I am here with you, thoug_ _ _ _ _ _ _ _ in my h_

手机摄影与短视频制作从入门到精通

神龙摄影 编著

人民邮电出版社

北京

前　言

　　随着手机摄影、摄像功能的日渐强大，越来越多的摄影爱好者开始尝试用手机去捕捉日常生活中的点点滴滴。毫无疑问，手机有着携带方便、取景快捷、后期处理便捷的优势，能满足人们的日常拍摄需求。那么如何才能用手机拍出好的影像作品呢？本书将先从手机摄影的基础操作讲起，然后通过对光线、构图的讲解帮助大家从艺术审美的角度去提高摄影技法，最后通过一些简单实用的后期技法及视频剪辑的小技巧为影像作品锦上添花。相信通过学习本书，你就可以用手机拍出优秀的影像作品。

　　本书由神龙摄影团队编著，参与编写工作的有孙连三、王鹏、孙屹廷等。本书内容经作者反复修改，力求严谨，但仍可能存在不足之处，恳请读者批评指正。

　　欢迎加入QQ群（群号为960389949），一起交流学习。

目录

第一篇 手机摄影基础

第1章 不可不知的手机摄影知识

第2章 掌握构图与用光技法,让照片更具美感

第二篇 拍好这些主题,惊艳你的朋友圈

第3章 如何拍好身边的人与生活景象

第4章 如何拍好风光与花草

第5章　如何拍好宠物与美食

第6章　拍摄是谱曲,后期是演奏

第三篇 手机短视频拍摄与剪辑

第7章 视频拍摄有妙招

第一篇 手机摄影基础

第 **1** 章

不可不知的手机摄影知识

1.1 拍摄前，巧设置

| 1.1.1 | 开启参考线，照片再也不会拍歪了

开启参考线，可以避免将照片拍歪，也可以辅助我们更轻松地应用构图法。以华为手机为例，在相机拍摄界面的右上角点击设置图标 ⚙️ ，在"拍照"选项中开启"参考线"功能，就可以显示九宫格参考线。苹果手机是在手机设置中打开"相机－构图－网格"功能（与参考线功能相同）。

【华为手机设置参考线】

扫码看视频

【在华为手机中开启参考线后】

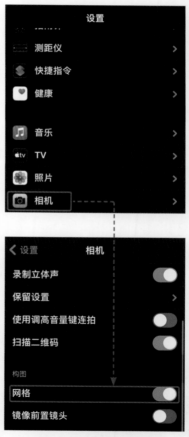

【在苹果手机中设置网格】

扫码看视频

|1.1.2| 别让自动闪光破坏画面氛围

在光线较暗的场景中拍摄时，手机会自动开启闪光灯，结果往往使拍出的照片看起来白花花一片，大大影响了画面氛围。如果拍摄孩子，闪光灯的强光还会影响到孩子的视力。对此我们可以通过设置，将闪光灯的自动开启功能关闭。

【 开启闪光灯，画面过亮 】

【 关闭闪光灯，真实还原现场氛围 】

以华为手机为例，点击拍摄界面上方的闪光灯按钮，可以从中选择自动、关闭、开启和常亮这4种闪光灯设置模式。

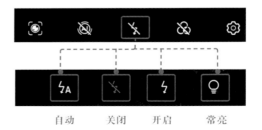

|1.1.3| 拍风景用超广角，拍人像用长焦

扫码看视频

　　如今的手机都会配有多个摄像头，提供多种镜头。例如，广角镜头、标准镜头、超广角镜头、长焦镜头。不同的镜头适合表现不同的拍摄题材，例如，一般广角镜头、超广角镜头适合表现大场景的风光、建筑题材等，长焦镜头适合拍摄人像，标准镜头常用作日常记录等。

【苹果手机（iPhone 12 Pro）不同镜头的分布】

　　使用超广角镜头可以拍摄出视野宽广的画面。

【在华为手机的拍摄界面，用手指在变焦条上滑动，可以变换不同焦距的镜头】

【在苹果手机的拍摄界面点击上图中标注的按钮切换镜头】

【使用超广角镜头拍摄国家图书馆，可以突出其宏大气势】

　　拍摄人像照片时，使用广角镜头可以拍下更多的场景，适合表现大气唯美的环境人像；使用长焦镜头可以将画面拍得紧凑一些，这样会使人物形象更加突出。下面是同一场景下，摄影师和模特位置都不改变，通过切换镜头焦距拍摄到的不同景别。

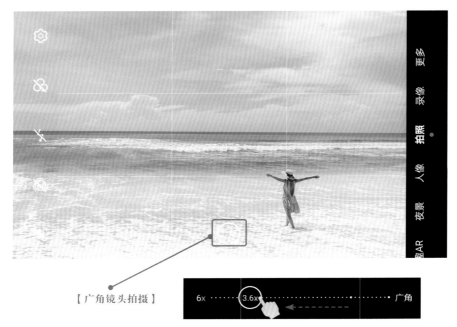

【广角镜头拍摄】

【手指从广角端向左滑动，切换至长焦镜头】

【长焦镜头拍摄】

1.2 曝光与对焦

控制好曝光可以获得明暗适中的画面，准确对焦可以获得清晰的主体。下面我们来学习如何控制画面的曝光与对焦。

|1.2.1| 曝光不准，手指一划轻松搞定

曝光是指在摄影过程中进入镜头照射在感光元件上的光量。如果曝光过度，拍出的画面就会过亮；如果曝光欠曝，拍出的画面就会过暗；曝光准确时，拍出的画面才能明暗适中。影响曝光的最直接因素是手机上的测光系统，当手指点击屏幕上的某一位置时，屏幕上会出现对焦框和调整曝光的小太阳，手机就会针对点击位置进行测光，然后进行自动曝光，选择不同位置测光，获得的曝光效果是不同的。

自动曝光可以应对大多数的拍摄场景，但其也不是万能的。在光线明暗变化较大的场景中，当拍摄到的画面太亮时，可以通过向下滑动对焦框旁边的小太阳来减少曝光，压暗画面。同样的道理，当拍摄到的画面太暗时，可以通过向上滑动小太阳来增加曝光，提亮画面。

【华为手机】

|1.2.2| 使用测光和对焦锁定，让拍摄更自如

对焦的目的是让主体获得清晰的视觉效果。手机上的测光与对焦默认是同步的，点击屏幕上的不同位置，手机就会针对点击位置同时进行测光和对焦。以拍摄人像照片为例，当手指点击人物脸部所在的位置时，就会针对脸部测光和对焦。完成测光和对焦后，当我们想要改变画面的构图，例如，将人物从原来的画面中间位置移动到右下角位置，就需要再次点击人脸进行测光和对焦，如果要反复地调整构图，就需要多次测光和对焦，这样拍摄显然很繁琐。提高拍摄效率的方法是使用测光和对焦锁定，具体方法如下。

●安卓手机

以华为手机为例，在拍摄界面点击屏幕，激活测光和对焦锁定功能，手指按住测光／对焦框不放，当屏幕震动一下时，测光／对焦框会分离为测光和对焦两个框。移动圆形测光框可以改变测光点，移动方形对焦框可以改变对焦位置。

【测光框】

【对焦框】

【手指按住测光／对焦框不放，分离测光框和对焦框】　【移动圆形测光框对准天空测光，移动方形对焦框对准人物对焦】

●苹果手机

在苹果手机中，也是在拍摄界面点击屏幕才能激活测光和对焦锁定功能，激活后屏幕上会显示"自动曝光／自动对焦锁定"提示，但不会分离出单独的测光框和对焦框。此时对焦已锁定，不能改变对焦点的位置，但可以通过上下滑动对焦框右侧的小太阳来改变曝光。

【"自动曝光和自动对焦锁定"提示】

【此时，对焦框无法移动】

【上下滑动小太阳，可提亮或调暗画面】

|1.2.3| 白云没有质感，用 HDR 轻松还原细节

　　HDR 是英文 High-Dynamic Range 的简称，意思是高动态范围。手机 HDR 功能可以还原场景中更多的暗部和亮部细节，但对提升暗部细节的作用有限，主要用于还原亮部高光细节。简单来说，当你拍摄的白云"糊"成一片，看不到细节层次时，开启 HDR 功能，对准云层测光，就可以拍出细节丰富的白云。

【未开启 HDR，拍出的白云没有细节层次】

【开启 HDR 后，拍出的白云细节层次丰富】

【华为手机：在拍摄界面点击"更多"按钮，选择"HDR"选项，即可开启或关闭 HDR 功能】

【苹果手机：直接在拍摄界面上方点击"HDR"按钮即可开启或关闭 HDR 功能】

第 **2** 章

掌握构图与用光技法，
让照片更具美感

2.1 尝试不同视角，拍出画面新鲜感

改变拍摄角度或者改变手机与被摄物体之间的距离可以产生不同的视觉效果。下面我们来讲解常见的平拍、俯拍、仰拍、近距离拍摄、远距离拍摄和突出局部的拍摄要领，教大家如何拍出视觉效果多样的画面。

| 2.1.1 | 平拍符合视觉习惯，让画面更真实

扫码看视频

平拍是指手机的拍摄高度与物体的高度持平。以拍摄人像为例，平拍时保持手机与人物的头部处于同一高度，可以得到脸部不变形、还原真实的画面效果。

2.1.2 俯拍适合表现大场景和人像自拍

扫码看视频

　　俯拍可以获得更宽广的视野，带来视觉收缩感。利用这一特性，我们可以站在高处俯拍高楼大厦或者旋转的楼梯来表现场景的宏大气势。

在手持手机自拍时，采用斜上45°俯拍可以将脸拍得更显瘦。

扫码看视频

|2.1.3| 仰拍能拍出大长腿，还能强调气势

仰拍是从低角度向上拍摄。仰拍时，受透视影响，拍摄物会被拉伸，产生纵深感。所以，采用低角度拍摄人物时，能拍出人见人爱的大长腿。

仰拍的角度越低，腿部拉伸越长。

以拍摄大楼为例，采用垂直角度仰拍时，可以看到画面的边缘出现了明显的拉伸，这有助于强调楼房高耸入云的夸张视觉。此时天空中出现的飞鸟恰到好处地装点了画面，丰富了画面的趣味性。

扫码看视频

| 2.1.4 | 近距离拍摄，可以更好的突出细节

　　将手机贴近物体拍摄,可以借助"近实远虚""近大远小"的透视关系,拍出细节清晰、主体突出的画面。拍摄下图时,选择一朵花形较好的荷花,对焦莲蓬,可以获得理想的清晰效果。保留远处的荷叶可以让画面更有空间感,同时大片的绿色也可以更好地衬托白色的荷花。

|2.1.5| 远距离拍摄，可以容纳更多的场景元素

远距离拍摄时，可以容纳丰富的场景元素。在拍摄建筑、风光等题材时，采用远距离拍摄，可以更好地交代场景信息。以下图为例，为了将天空的云霞和水面倒影同时纳入画面，就需要采用远距离拍摄。

扫码看视频

|2.1.6| 拍摄局部，让画面更简约

在拍摄古建筑时，我们可以像左图这样采用远距离方式拍摄建筑的整体外形，来突出古建筑的宏伟气势。

扫码看视频

　　也可以通过拍摄建筑的局部，来强调画面的简约之美。拍摄过程中，可以选择移动脚步靠近建筑拍摄，也可以将手机镜头调至长焦端来拉近被拍摄主体。下图就是利用手机的变焦功能，使用了10倍变焦截取了屋檐的一部分，来重点突出画面的线条美。

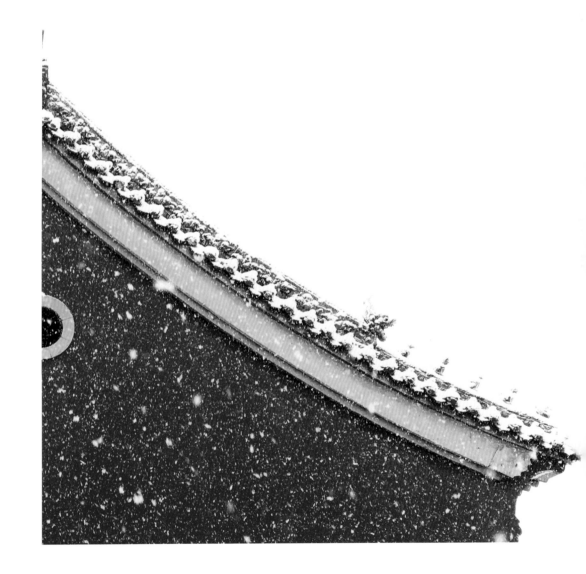

2.2 简单实用的经典构图法

本节我们来学习几种常见的构图法，分别是三分法构图、九宫格构图和对称构图。

|2.2.1| 突出重点与层次的三分法构图

三分法构图是将画面平分为三等份，然后将要表现的主体元素放在任意一条分割线上的构图方法。三分法可以分为纵向三分法和横向三分法。在实际拍摄中，三分法构图并非一定要将主体精确地安排在三分线上，位置略微偏差也是可以的。

扫码看视频

【纵向三分法】

【横向三分法】

【运用了纵向三分法构图，将人物安排在画面左侧三分线附近】

拍摄下图时，作者运用了横向三分法构图，将地平线安排在画面下方1/3处，这样天空就占据了画面2/3的区域，可以更好地突出满天的霞光。

【 突出重点 】

【均分画面】

我们也可以将地平线安排在画面的上方 1/3 处，这样可以重点突出画面下半部分的景物。

除了利用三分法来控制地平线的位置，我们还可以利用三分法来均分画面。拍摄下图时，作者就是利用林间的一片空地与树林形成了三分画面的构图，使画面富有层次。

|2.2.2| 三分法构图的"进阶版"——九宫格构图

扫码看视频

　　九宫格构图可以看作是三分法构图的进阶版，它是结合了纵向三分法和横向三分法中的四条分割线将画面分为9等份，并形成4个交叉点。 运用九宫格构图时，可以将要表现的主体安排在4个交叉点的任意一个点上来重点突出。拍摄下图时，作者将人物安排在九宫格右上方的交叉点，这样可以迅速将观看者的视线引导到人物身上。

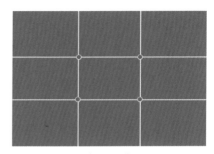

【九宫格】

拍摄下图时，作者将汽车安排在了九宫格右下方的交叉点上，将斜对面的骑行人物安排在九宫格左上方的交叉点上，二者形成了很好的呼应，有效地平衡了画面结构。实际拍摄中，九宫格交叉点只是起到了构图参考的作用，不必将主体精确地安排在九宫格的交叉点上，稍微偏离也是可以的。

|2.2.3| 强调画面平衡的对称构图

扫码看视频

对称构图是将画面一分为二的构图法，可以强调画面的对称美。日常生活中，我们可以利用水面、地面、玻璃面等反光物体来实现对称构图。作者拍摄下图时利用了地面反光，强调出了建筑的对称美。构图时通过人物的点缀不仅打破了画面的单调感，还通过人物与建筑之间的大小反差形成强烈的对比，使画面极具视觉冲击力。

拍摄下图时，作者采用低角度接近水面仰拍，利用水面倒影拍出了上下对称的画面效果；而且运用了纵向三分法，将人物安排在画面右侧 1/3 处，突出重点。

当没有合适的反光物体可以利用时，可以借助手机屏幕人为地制造反光，拍出具有对称美的画面。以拍摄建筑物为例，首先将手机平放，然后使屏幕与建筑物的下边缘齐平，这样建筑物就可以倒映在手机屏幕上，此时再用另一部手机就可以轻松拍出上下对称的画面。

2.3 利用线条和形状，让画面更具美感

线条既可以起到分割画面的作用，也可以起到引导视线的作用。形状既可以让画面更有形式美，也可以起到收缩视线的作用。下面就详细介绍如何利用场景中的线条和形状，让画面更具美感。

|2.3.1| 制造动感的斜线构图

斜线会带来画面的不稳定感，利用这一特性，可以拍出具有动感的画面。拍摄下图时，采取高角度俯拍，截取了一部分河边栏杆形成了斜线构图，通过画面我们可以感受到栏杆向画面两侧伸展的动势。

扫码看视频

拍摄下图时，利用高架桥、分流线组成了多个呈交叉状的斜线构图，画面既给人四通八达的视觉张力，又充满了动感与活力。

|2.3.2|柔美画面的曲线构图

曲线可以起到柔美画面的作用。常见的曲线形态有 S 形曲线和 C 形曲线。S 形曲线常见于弯曲延绵的河流、小路及人物的肢体形态；C 形曲线常见于海河湖泊的沿岸线、建筑的弧面等。拍摄下图时，作者采用高角度俯拍，利用呈 S 形的河流形成曲线构图，这样既柔美了画面，又延伸了空间感。

扫码看视频

拍摄湖边景色时，截取一部分湖边景色可以形成 C 形的曲线构图。与 S 形构图的作用一样，C 形曲线构图同样起到延伸空间感和柔美画面的作用。

|2.3.3| 引导视线的汇聚线构图

　　汇聚线指通过将多个线条向同一位置汇聚的方式来引导观看者的视线集中至目标物体上，从而有效突出目标物体。另外，利用汇聚线构图可以有效地增强画面的空间感。可以运用汇聚线构图的场景很多，例如借助马路沿、火车轨道、狭窄的小巷等拍摄的场景。作者拍摄下图时就是利用马路沿和树木形成的汇聚线构图，将观看者的视线迅速吸引到远处的人物身上。

扫码看视频

　　下图同样是利用汇聚线构图，借助轨道、站台和屋檐形成的多条汇聚线，将观看者的视线吸引到了远处的火车上。

|2.3.4 | 稳定画面的三角形构图

　　画面中的三角形可以由物体本身的形状组成，例如，下图中的旋转楼梯；也可以由多个物体组合而成。又如，右图中通过多个电线杆和电线形成了一个大的三角形。当然，三角形边和地面的夹角会影响到画面的稳定性。拍摄下图时，画面中的三角形呈现出一定的倾斜角度，形成了不稳定的动势。

扫码看视频

当画面中的电线杆与地面垂直，呈现为平稳的直角三角形时，就会给画面带来稳定感。

【由近及远的电线杆不仅形成了三角形构图，还形成了汇聚线构图，延伸了画面空间】

|2.3.5| 收缩视线的框架构图

利用场景中的一些元素对主体形成包围，可以形成框架构图，起到收缩视线的作用。常见的框架有花枝、窗户、门框、回廊立柱等。利用花枝进行框架构图时，不但可以起到收缩视线的作用，还可以起到画框装饰的作用。

扫码看视频

右图是在室内利用方形的窗户形成框架构图，借助窗户可以引导观看者的视线汇聚到框架范围内的景物中。

在公园中拍摄时，可以利用圆形、扇形、方形的门或窗形成框架构图，从而营造出"画中画"的视觉美。

在运用框架构图时，通过人物的点缀可以丰富画面的故事感。拍摄下图时，作者将两组人物安排在不同的框架中，既可以突出画面的空间层次感，又可以通过两组人物的不同状态，营造出画面的故事感。当然该画面也有一些遗憾，例如右上角的人物

动作并不是很理想，如果时间允许，可以等一会儿，捕捉更好的瞬间。这里关键要告诉大家的是构图思路，很多优秀摄影作品都是在有了好的想法后，通过等待最佳时机获得的。

拍摄下图时，运用框架构图的思路，将远处的站台分割成了多个三角形和矩形框架，实现了画面的稳定感。画面中两个行色匆匆的人物与反向停靠的列车相呼应，营造出"归途与启航"的画面故事感。

2.4 用视觉对比，丰富画面层次

运用对比可以增强画面的视觉冲击力，让人印象深刻。下面我们来介绍几种常用的对比方式。

2.4.1 用明暗对比强调影调层次

墙壁上深色的树影、人影与温暖的光线形成了强烈的明暗对比。由暗到明的影调层次丰富了画面的光影效果，使画面有了故事感。

扫码看视频

利用窗格形成框架构图，有效地突出了主体。框外大面积的黑色与框内小面白色形成了强烈的明暗对比，使画面的主次层次分明。

|2.4.2| 用色彩对比增强画面美感

色彩具有"暖色前进，冷色后退"的特性。利用这一特性，可以通过制造冷暖色对比来突出暖色物体，增强画面的层次感。常见的暖色有红色、橙色和黄色等，常见的冷色有蓝色、深灰色和黑色等。

扫码看视频

【 黄色的树叶与背景中的蓝色水面形成冷暖对比 】

【 红色的树叶与背景中的蓝色水面形成冷暖对比 】

另外，中性色中的白色、灰色也可以起到突出暖色的作用。

【作者拍摄上图时以白雪和灰色地面为背景，有效地衬托了红色的树叶】

要使色彩对比更加强烈，需要对画面中的色彩进行简化，避免色彩过多而影响画面的对比效果，特别是作为"后退色"的冷色种数要尽可能少，通常保留一种冷色可以更好地突出暖色物体。

【远处散停的两辆汽车与密集的黄色出租车形成了疏密对比和冷暖对比】

拍摄夜景时，橙黄色的灯光与蓝色的冷光环境之间会形成强烈的冷暖色对比。

【 利用水面倒影拍出了上下对称、冷暖对比的唯美画面 】

|2.4.3| 用大小对比突出场景的宏大

扫码看视频

日常生活中，当我们想要强调某一物体的体积很大时，往往会寻找一个小体积的参照物，这样通过大与小的对比就可以更好地表现大物体的"大"。例如，在拍摄浩瀚的沙漠、宏伟的建筑时，可以通过人物或较小物体的点缀，来强调场景的宏大。

【运用曲线构图表现沙漠的线条美，通过人物与沙漠的大小对比，有效凸显沙漠的广袤】

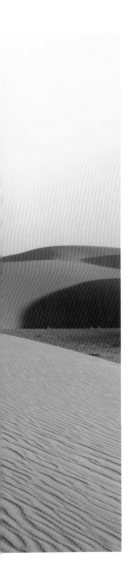

【综合运用三角形构图、汇聚线构图、冷暖对比和大小对比，丰富了画面的层次感】

|2.4.4| 用疏密对比丰富画面的空间层次

疏密对比是利用多与少来制造视觉差别，从而营造出画面的空间层次。例如，在拍摄下图时，如果没有两个行进中的人物与密集的桌子和学习者进行对比，那么画面就会看起来很单调，缺乏层次感。

扫码看视频

|2.4.5| 用刚柔对比营造柔美画面

扫码看视频

　　刚柔对比是利用画面中软硬元素之间的对比，来营造刚中带柔的美感。例如，桥梁、高楼、礁石等会给人硬的感受，而云雾、河流等则会给人软的感受。拍摄下图时，建筑、山体会给人硬的感受，而云雾会给人柔美的感受。二者之间形成的刚柔对比，使画面既有冲突，又有融合，实现了唯美的画面效果。

|2.4.6| 用动静对比营造画面动感

　　动静对比是利用静止物体与运动物体之间的对比来营造画面的动感。拍摄时，要先找好静止不动的参照物，进行预构图，然后等待运动的物体进入画面中预设好的位置后，按下快门。想要动静对比的效果更加强烈一些，需要设置较慢的快门速度，这样就可以将动态的物体拍成动感强烈的虚影效果。

慢速快门拍摄需要在环境光线较暗的场景中进行，例如阴雨天、雪天及傍晚时分。当环境光线较暗时，苹果手机会自动切换至夜间模式，这样就可以使用慢速快门进行拍摄。使用华为手机拍摄时，点击"更多"按钮，然后选择"专业"模式，就可以手动控制快门速度。以拍摄行走中的人物为例，通常设置 1/20~1/10s 的快门速度，就可以拍出很好的动感效果。设置好快门速度后，将感光度设置为自动模式，这样手机就可以根据不同的快门速度自动匹配感光度以获得准确的曝光效果。

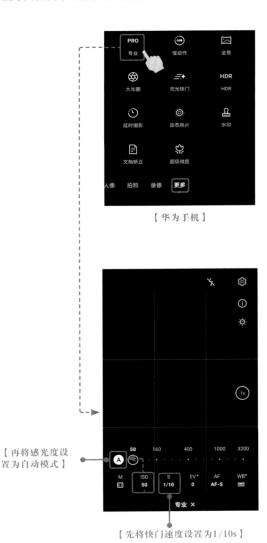

【华为手机】

【再将感光度设置为自动模式】

【先将快门速度设置为1/10s】

2.5 高手构图这么拍

　　构图的过程是一个不断取舍和调整的过程，例如，我们可以通过截取局部简化画面，体现出节奏美；可以通过减少画面元素，营造出简约美；可以通过增加画面元素，增强画面的叙事张力，这些都是构图高手的拍摄方法和技巧。

|2.5.1| 利用重复元素，营造节奏感

扫码看视频

　　使用长焦镜头拉近马路可以拍出空间紧凑的画面。密集的马路线营造出了节奏感；大小、色彩不一的汽车散落其间，丰富了画面结构，增强了画面的叙事性。

|2.5.2| 减少画面元素，营造极简风格

极简风格的画面是通过大幅减少画面元素来形成大面积的画面空白，从而更好地突出主体、营造空旷简约的视觉美。

白茫茫一片的雪地简化了地面元素，此时选择一棵树、一栋房子或者一辆小汽车作为主体，就可以很轻松地拍出极简风格的画面。

扫码看视频

极简并不意味着画面中只能出现一个元素。拍摄右图时，通过看台、球门清晰地交代出了环境信息；人物点缀其中，增添了画面活力。

同样，利用天空也可以拍出极简画面。例如，让人物站在一片空地上，以天空为背景来简化画面，采用低角度仰拍，就可以拍出极简画风。拍摄时，让人物侧身朝向画外，可以营造出意境满满的空灵之美。

【人物与天空形成大小对比，突出了天空的辽阔和人物的渺小】

极简风格并不一定非要寻找浅色背景拍摄，深色背景同样可以拍出极简风格。拍摄右图时，作者利用阳光照耀下的暖橙色墙壁简化了背景，通过一根根栏杆强调出画面的节奏美，而自行车则让画面多了一份故事感。

【栏杆的斜线构图营造出画面的动感，明暗光影有效地烘托了画面气氛】

|2.5.3|丰富的画面元素，让照片更有叙事张力

丰富的画面元素可以让画面更充实、更有可读性。拍摄下图时，作者综合运用了框架构图和明暗对比，通过暗沉的影调、形态各异的人物营造出画面的故事感。

拍摄时，手指点击屏幕上的亮光区域测光并对焦，然后拖动对焦框旁边的小太阳调整曝光，由于人物移动的不确定性，可能需要拍摄多张照片才能抓拍到最好的瞬间。

如果每拍一张照片都要手动测光，那么既会使操作变得烦琐，又容易错失关键瞬间，因此在光线相对稳定的场景中拍摄时，最好的方法是通过拖动小太阳来增减曝光。

　　这是一幅画面元素和空间层次都很丰富的照片。笔记本、眼镜盒、圆桌、小猫、福字、推拉门、阳台、房屋，由近及远，形成了一条隐形的 S 形曲线，延伸了画面空间。照片的最大亮点是一只坐在桌边望向窗外的小猫，给人留下了很大的遐想空间。

扫码看视频

在拍摄过程中，构图方法可以多种组合的形式出现。例如，在拍摄下图时，截取树干局部，树干的粗细和疏密形成了节奏感，然后通过天鹅的入画，使画面更有趣味性。

【抓拍天鹅时，要抓住其不被遮挡的瞬间】

手机摄影与短视频制作从入门到精通

拍摄下图时，大面积的白色与重复排列的楼梯营造出了简约的美感。人物手臂的入画，让照片更有新意，营造出了富有个性的画面感。

2.6 用好光线，打造光影大片

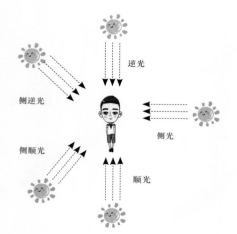

摄影是光影的艺术，好的光影会让画面看起来更有层次感，更具艺术感染力。在运用光线前，先来学习一下不同光线照射角度的成像特点。

光线的照射角度是指光源与被拍摄主体之间的角度。本节我们将以常见的顺光、侧光、逆光、侧逆光，以及局部光为例进行讲解。

|2.6.1| 顺光，突出主体的质感和色彩

顺光是指光源从被拍摄主体的前方照射过来，顺光可以分为正面顺光（简称顺光）和侧面顺光（简称侧顺光）两种。顺光拍摄的优点是可以拍出清晰的质感和鲜艳的色彩。

【顺光拍摄，并利用水面倒影拍出上下对称的唯美画面】

扫码看视频

2.6.2 侧光，让物体更有立体感

　　侧光是指光源从被摄物体的侧面照射过来。这种光线照射角度会在物体表面形成强烈的明暗对比，使物体看起来更有立体感。在运用侧光拍摄人像照片时，应尽量选择在柔和的光线下拍摄，这样明暗之间的过渡才会更柔和。如果只能在强光环境下拍摄，那么可以让人物离光源远一些，或在人物和光源之间增加白色透光的遮挡物来减弱光的强度。

扫码看视频

【 侧光拍摄，并使人物与镜中人形成呼应，使画面充满趣味 】

|2.6.3| 逆光，让画面呈现朦胧美

逆光是指光源从被摄物体后方照射过来。采用逆光拍摄，可营造出低对比度的朦胧美。

扫码看视频

【逆光拍摄，弯曲的树枝形成曲线美；道路及两侧的冬青共同形成汇聚线构图，有效地延伸了画面空间；人物与大树形成大小对比，增强了画面的视觉表现力】

　　侧逆光是指光源从被拍摄主体侧后方照射过来。相较于逆光，侧逆光拍摄时进入镜头的光线少，光照效果相对柔和，可以烘托出更加柔美的画面氛围。在拍摄人像照片时，利用侧逆光角度可以拍出具有轮廓美的"发丝光"效果。

【侧逆光拍摄，巨大的树干与人物形成大小对比，缭绕的晨雾与屹立的古树、房屋形成刚柔对比，营造出唯美的意境】

|2.6.4|局部光，让主体更突出

局部光并没有固定的方向性，顺光、侧光或者顶光都可以形成局部光。局部光的成像特点是在大面积深色场景中只出现小部分的亮光区域，这样通过明暗对比和大小对比可以营造出神秘的光影氛围。

在风光照片中局部光常见于日出日落时的"金光耀顶"时刻。

扫码看视频

【局部光拍摄，并运用三分法构图，将主体山脉安排在画面上方1/3处进行重点突出，强烈的局部光照射给山体"抹"上了一层金黄暖色，使画面呈现出令人震撼的视觉美】

在昏暗的室内拍摄时，可以借助烛光、台灯等形成局部光照射。

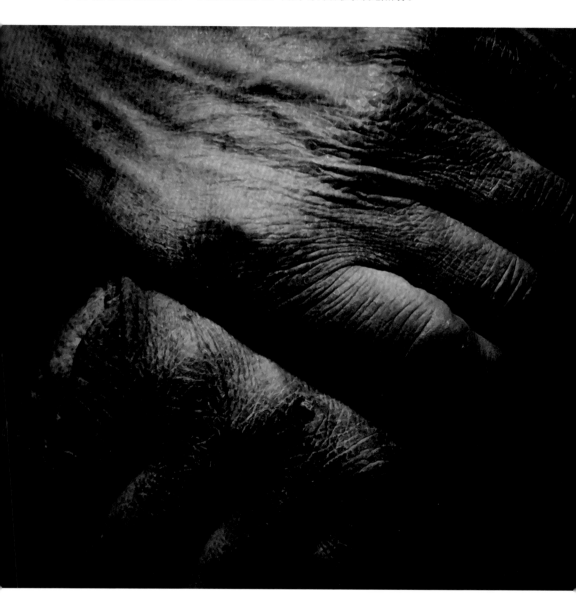

【局部光拍摄，清晰地刻画出人物手部皮肤的沧桑质感；手掌交叉形成对角线构图，丰富画面的形式感】

|2.6.5|影子，让画面更有神秘感

　　影子不但可以让画面呈现立体感，还可以为画面增添神秘气氛。无论是采用顺光拍摄，还是采用逆光拍摄，或者是采用局部光拍摄都可以获得有趣的影子。拍摄下图时，利用小面积的局部光形成了强烈的明暗对比，人物位于画面右侧1/3处，位置醒目突出。照映在墙上的人物影子与大面积的深色阴影共同烘托出了画面的神秘氛围。

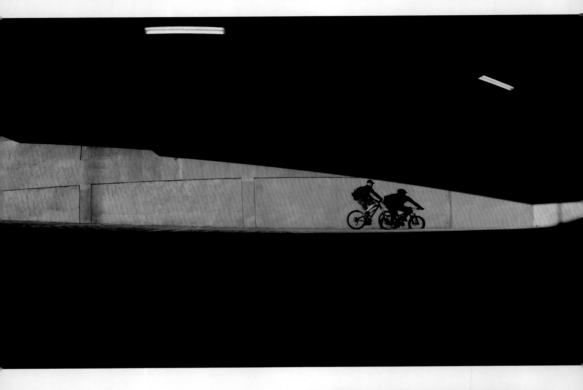

【利用局部光分割画面，形成了横向三分法构图，亮光处的两条边缘线从左到右逐渐收缩形成了汇聚线构图，有助于更好地突出位于纵向三分法构图右侧分割线的主体人物】

扫码看视频

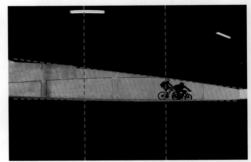

拍摄下图时，利用窗格的遮挡，形成了局部光照射，带来了丰富的影调变化。画面中的影子使画面生动而富有立体感。

当生命有了影子，便多了些故事

PHOTO BY JIANGLAN

影子故事

【呈斜线构图的光照效果避免了画面的呆板，红色与橙色的组合使画面色彩和谐且暖意融融】

第一篇　拍好这些主题，惊艳你的朋友圈

第 **3** 章

如何拍好身边的人与生活景象

3.1 拍娃、拍女友，记录难忘瞬间

▌3.1.1▐ 只拍背影，画面更有意境

拍人像并不一定要拍脸，当场景足够吸引人时，可以尝试拍摄一些人物背影的照片，这样反而会让照片更有格调。拍摄时，让模特放慢脚步向前走，这样抓拍到的姿态动作比假装向前迈步更显自然，人物看起来不僵硬呆板。

【利用光线形成明暗对比，丰富了画面的光影结构；借助扶手形成汇聚线构图，既延伸了画面空间，又有效地突出了人物】

| 3.1.2 | 小白鞋与花的合影，很有艺术范

怎么才能拍出艺术范呢？穿上文艺气质的小白鞋，找一片花丛，手机从上往下俯拍，只保留一部分鞋面在画面中，瞬间就有了小清新的味道。

【大片的花朵与白鞋形成了疏密对比及大小对比，使画面形成视觉反差】

3.1.3 拍摄熟睡中的孩子，可以很可爱

　　一说到拍娃，大家都会想着怎么把孩子的脸蛋拍得漂亮。其实，从侧面拍孩子的状态也可以表现孩子的可爱。拍摄下图时，从孩子头顶侧面拍摄孩子熟睡的状态，看到两只小手拉在一起、小手摸头顶的样子，你一定会忍不住地会心一笑。除了拍摄睡觉的孩子，我们还可以拍摄孩子走路、吃饭等，这些都是很不错的尝试。

|3.1.4| 抓拍逗娃瞬间，定格美好时光

在给孩子拍照时，如果孩子不配合，或是摆出"剪刀手"的姿势，这样的照片就显得很平淡。孩子的天性是好动、好玩的，因此抓拍一些孩子滑滑梯、玩沙子的场景或者大人逗孩子的开心场景，才更容易捕捉到孩子纯真可爱的画面。

【利用斜线构图使画面
充满动感与活力】

|3.1.5| 自拍也可以玩出新花样

　　说到自拍，大家都知道使用手机的前置摄像头，这样可以一边看着屏幕，一边调整姿势进行自拍。其实为了获得更好的成像质量，最好是使用手机的后置摄像头进行"盲拍"。当然这样拍的前提是要多加练习，慢慢就能准确地找到合适的角度。

　　在自拍时，将手机举高，从脸部斜上方45°左右的位置拍摄，然后脸稍微偏向一侧，收紧下巴，这样拍出来的脸"显瘦"。

自拍的方式有很多，除了站着拍、坐着拍，也可以躺下来拍。自拍时，由于手机距离人脸较近，容易使拍出的人脸变形。防止人脸变形有两种方法：第一种方法是高举手机，让镜头尽量远离人脸，这样拍能降低人脸变形的程度；第二种方法是尽量将人脸置于画面中心，越是靠近画面边缘，变形越厉害。

想拍出更有范儿的自拍照，可以准备一个三脚架将手机固定，然后开启手机的自拍模式，通常选择 10 秒倒计时就可以，然后站到预先构思好的位置等待计时结束，完成自动拍摄。

　手机摄影与短视频制作从入门到精通

下图所示的是华为手机的定时拍摄设置方法。

【点击设置按钮】

【选择定时拍摄并设置时间】

除了可以设置定时拍摄外，还可以通过语音控制拍摄，即声控拍照。

下面是苹果手机的定时拍摄设置方法。

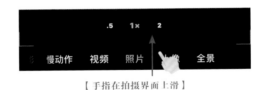

【手指在拍摄界面上滑】

【点击计时器按钮】

【选择计时时间为10秒】

|3.1.6| 别小瞧手机，主题人像也能拍

如今手机的拍照功能已经越来越强大，丰富的美颜功能以及模拟大光圈可以让我们轻松获得漂亮的人像照片。当然，要拍好人像的关键还离不开取景构图、人物摆姿及模特的表现力等。

【模特站立的位置处于画面的九宫格线附近，这样的构图让人感觉更舒服，而且模特背后的大面积风景构图也起到了延伸空间的作用】

拍摄主题人像时，开启人像美颜，可以将模特的皮肤拍得更细腻光滑。以华为手机为例，美颜模式的设置方法如下。

选择"人像"拍摄模式后，拍摄界面中会出现"美颜"和"效果"两个按钮。

点击"美颜"按钮，可以通过拖动滑块来调整美颜的程度，数值越大，皮肤的美化程度越大。

点击"效果"按钮，会有很多的模拟光效可以选择，例如蝴蝶光、侧光、剧场光等，通过这些光效可以丰富画面的光影效果。

[华为手机开启人像模式]

下面我们以一组溪水边拍摄的人像为例，练习拍摄主题人像。

清凉夏日

在杂乱的场景中，通过设置大光圈来虚化背景，可以使主体人物看起来更加突出。由于手机上的大光圈是模拟计算出来的，因此当背景较为复杂时，容易导致人物边缘的虚化不自然，甚至错误虚化。因此在拍摄时，应尽量选择简单一些、人和物容易分离的场景作为背景，这样手机就可以更好地识别人物，模拟虚化出的效果才会理想。

【使用人像模式拍摄，选择绿色植物作为背景，可以获得较好的背景虚化效果。模特曲臂弯膝，展现出曲线美】

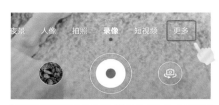

【 华为手机 】

【 选择苹果手机的人像模式，手指上滑 】

使用大光圈虚化背景的设置方法如下。

以华为手机为例，点击"更多"按钮，选择"大光圈"，向左滑动可以开大光圈，使背景虚化更强烈；向右滑动可以缩小光圈，使背景虚化强度减弱。"f"后的数值越小，代表光圈越大，例如 f2.8>f4>f7.1。

【向左滑动，光圈变大　向右滑动，光圈变小】

使用苹果手机时，需要开启"人像"模式，然后手指在拍摄界面的选择栏位置上滑，调出选项栏，点击按钮 **f**，就可以在出现的光圈调节栏上左右滑动标尺，改变光圈大小。

【 在选项栏中点击按钮 **f** 】

【 左右滑动标尺，改变光圈大小 】

接下来，我们来学习一些构图和摆姿的方法，以丰富画面的艺术表现力，展现人像摄影的魅力。调整拍摄角度，站到礁石上从上往下俯拍。为了让照片看起来更有格调和艺术气息，可以让模特浸在水中拍摄。

SHOT ON MI 6
MI DUAL CAMERA

【模特伸展向画面内侧的手臂、微微抬起的下巴、弯曲的膝盖，突出了人体曲线美；礁石、流水、模特三者之间形成刚柔对比，更好地衬托了模特的优雅气质】

　　仍然是采用高角度俯拍，这次缩小取景范围，让模特在画面中所占的比例更大一些。同时利用模特倾斜的身体形成斜线构图，让画面更有动感。调整模特摆姿时，可以让她右手臂轻轻搭在额头上，左手臂弯曲搭于腹部，整体上形成曲线构图，以展现模特的形体美。

模特斜靠在一块礁石上，形成斜线构图，营造出画面的动势。模特伸展的手臂展现出肢体的曲线美。手的伸展方向和模特的视线方向起到了引导视线的作用，将观看者的注意力吸引到了潺潺流水上。

从侧面拍摄时，可以压低拍摄机位，将流水作为前景，既可以增强临场感，又可以借助流水形成汇聚线，有效突出人物主体。

【模特仰靠在礁石上，双臂弯曲交叉，展现出了肢体的曲线美】

3.2 行走在路上，随处有惊喜

走在街头，往往会有意想不到的趣味场景出现。下面我们以拍摄大桥、马路、台阶等场景为例，学习如何将日常生活拍精彩。

3.2.1 仰拍大桥，天空近在眼前

看到一座拱桥，可以采用低角度仰拍，让大桥秒变"天梯"。借助天空的云彩、前行的路人可以更好地营造出"迈向天空"的视觉美。

扫码看视频

【桥面和扶手栏杆组成了汇聚线构图，增强了画面的空间感和延伸感】

扫码看视频

3.2.2 雾天拍马路，满满神秘感

　　拍照一定要选择晴天出行，别逗了，天气从来都是次要的，想法和思路才是最关键的。在大雾的天气里，你可以选择拍摄若隐若现的山林景色，或者俯瞰云雾缭绕的城市景象。如果雾气很大、能见度很低，那么就走上街头，拍摄最常见的马路、树木吧！相信你也可以拍出充满神秘气氛的佳作。

【站在路中央，以黄色虚线为中心拍出左右对称的画面，迷雾中延伸的马路通向了未知的神秘深处，一进一出的两个路人丰富了画面的故事性】

扫码看视频

|3.2.3| 电线加小鸟，拍出简约线条美

一说到拍摄电线，大家一定会觉得没有什么好拍的。其实电线也有可拍之处，例如，当电线上出现一群落脚歇息的小鸟时，就会呈现具有线条美和节奏美的画面。

|3.2.4| 仰拍摩天轮，营造气势感

　　以天空为背景仰拍摩天轮，蓝色干净的天空背景衬托出摩天轮的线条美，同时仰拍角度让摩天轮与天空同高，营造出了画面的气势感，那种坐在摩天轮上高耸入云的感觉呼之欲出。

3.2.5 高处拍雪地里行驶的车，表现动感美

站在高处向下俯拍雪地里行驶的汽车，可以拍出具有节奏感和律动美的照片。要想让作品更上一层楼，建议等待经过的车辆分散开来，最好是形成一条律动的 S 型曲线时进行抓拍，这样拍出的画面会更有动感美。

扫码看视频

▎3.2.6 ▎拍摄上下台阶，表现韵律美

　　在城市的地下通道利用台阶和天花板的线条可以组合出具有韵律美的画面。行走在台阶上的路人仿佛跳跃的音符。

第**4**章

如何拍好风光与花草

4.1 手机也可以拍出专业风光照

使用手机也可以拍摄出媲美单反相机的精彩画面。例如使用较慢的快门速度可以拍摄出拉线状的汽车灯轨和丝绸般柔顺的流水等。

|4.1.1| 光轨让城市夜景更有活力

使用慢门拍摄可以捕捉到物体的运动轨迹，呈现出动感十足的画面效果。

以华为手机为例，点击"更多"按钮，然后选择"流光快门"，会有 4 种智能模式可以选择，分别是"绚丽星轨""丝绸流水""光绘涂鸦""车水马龙"。当我们想要拍摄出灯轨效果时，选择"车水马龙"模式拍摄即可。

扫码看视频

使用苹果手机拍摄时，当环境光线较暗时，手机会自动切换到夜间模式。开启夜间模式后，我们可以对其进行手动控制，方法是点击界面左上角的黄色曝光时间显示按钮，然后在界面下方的时间调节栏上左右滑动标尺，就可以改变曝光时间。曝光时间会根据现场环境的明暗自动调节，其调节范围为 1~30 秒，场景越亮，曝光时间越短。

【苹果手机点击左上角的黄色曝光时间显示】

【滑动标尺可以改变曝光时间】

【城市的立交桥上是拍摄汽车灯轨的理想位置】

|4.1.2| 用慢门拍出具有柔顺美感的流水

以华为手机为例，想拍出丝滑柔顺的流水，就选择"丝绢流水"模式进行拍摄。

扫码看视频

【如果要重点突出挂满红叶的树木，可在运用横向三分法构图时，使树木占画面的 2/3，水面占画面的 1/3】

由于上图中的溪流较小且缺少落差，所以使用慢门虚化出的流水看起来有些平淡。当然，由于画面要表现的主体是红色的树木，而流水只是起到动态呼应的作用，因此效果也是可以接受的。下面我们以流水为主要的表现对象进行拍摄。

选择有落差的溪流，可以拍出瀑布挂帘的柔顺美。

【从溪流的侧面拍摄，用斜线构图营造画面的动感，远近瀑布相呼应，有效延伸画面空间】

【站在水中正对溪流拍摄，采用低角度仰拍，用三分法构图，将瀑布安排在画面的上1/3处，近景中大面积的礁石和流水起到了延伸画面空间的作用】

|4.1.3|风景中加个人物，告别千篇一律

同样是拍摄溪流，在场景中增加人物会让画面看起来更有个性，营造出人景交融的视觉美。

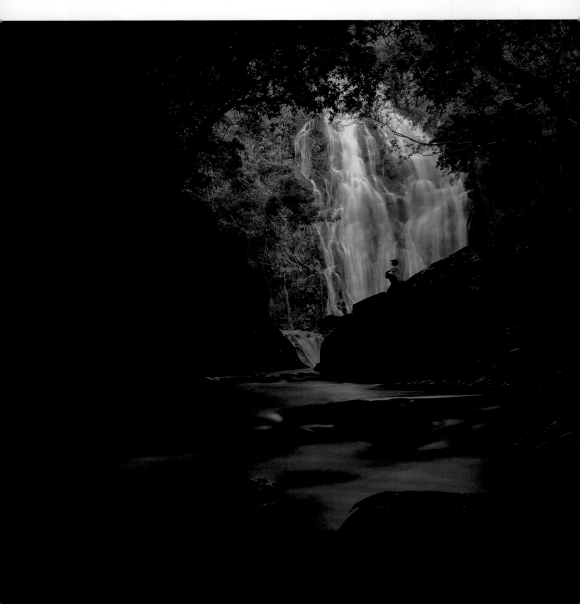

扫码看视频

【拍摄左图时，作者利用强烈的明暗对比增强了画面的空间层次，营造出神秘的画面氛围；身穿红色衣服的人物增加了画面的兴趣点，使单纯的风光照片不再枯燥】

【一棵孤零零的大树本来可以自成风景，母女俩的出现使画面充满了生活气息，给人清新的视觉美】

4.1.4 拍风光加个前景，瞬间不再枯燥

要把风光拍得有新意，前景的作用不容忽视。添加前景既可以加强画面的空间感，也可以让画面更生动、更有活力。

【蓝天、白云、碧水、红树，美丽的秋色映入眼帘，想拍出不一样的画面，可以通过增加前景来实现，例图中利用了天鹅作为前景。拍摄时，先借助水面形成上下对称构图，然后等待时机，当天鹅游至画面右下角时按下快门】

扫码看视频

【春暖花开的季节，选择形状好看的花枝作为前景，运用框架构图拍摄远处的建筑，可以拍出花团锦簇的美】

|4.1.5| 这么拍地标，超级有新意

　　以拍摄国家大剧院为例，利用水面倒影可以拍出上下对称的宁静美。选择傍晚灯光刚刚亮起、天空透着蓝光的时段拍摄，可以拍出冷暖对比的视觉美。

扫码看视频

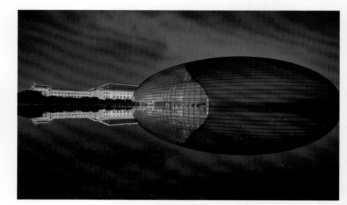

　　站在高处俯拍纵横交错的立交桥时，可以利用近处弯曲的桥面与远处的高楼形成曲直对比，从而表现出画面的空间层次。利用暖色的照明灯光与魅蓝色的天空形成冷暖色对比，强化画面的色彩层次。

【拍摄外滩时，以东方明珠为主体，利用高低错落的楼体和弯曲的河道来延伸视觉空间，使紧凑的画面有了空间感】

拍摄城市高楼时既可以选择将整栋大楼拍下来，也可以截取楼体的局部进行突出。

【截取彩色楼体的局部拍摄的画面，很容易将观看者的视线吸引到密密麻麻的单元格中，几棵椰子树、色彩丰富的地面休闲场与高楼相呼应，营造出宜居之美】

【拍摄天津的滨海图书馆时，截取室内部分景观拍摄可以使画面更紧凑；利用人物与高大墙面的层层书架形成大小对比，带来强烈的视觉冲击力】

在拍摄场馆时，还可以使用手机上的"全景"模式拍出宽广大气的视觉美。开启"全景"模式后，点击拍摄键，然后慢慢地水平移动手机，移动时要避免上下晃动手机，当屏幕上的箭头移至手机屏幕最右侧时就会自动完成全景接片。大多数情况下，当箭头移动至屏幕的一半位置时，点击拍摄键就可以结束拍摄，完成全景接片。

【华为手机】

【苹果手机】

　　利用手机上的"全景"模式还可以拍出趣味的画面。例如，让画面中出现同一人物的两个形态。开启"全景"拍摄模式，将人物拍进画面后，停止移动手机，然后让人物从画面左侧绕过拍摄者，站到右侧，再继续慢慢转动手机，就可以在同一画面中拍摄到两个不同姿态的人物。

4.2 花花草草可以很抒情

花草是较为常见的拍摄题材，掌握以下方法，可以轻松拍出不同寻常的意境美。

4.2.1 逆光拍树叶，透亮又温暖

逆光拍摄树叶，可以拍出树叶的清晰纹路，给人透亮而温暖的视觉美。无论是春天拍绿叶还是秋天拍黄叶，都可以这么拍。利用树枝对太阳进行部分遮挡，可以拍出阳光闪耀的热烈氛围。

4.2.2 微距功能，让花朵近在眼前

安卓手机中一般都带有微距功能。开启微距功能后，手机即使距离物体很近，也可以拍得很清楚。利用微距功能，可以拍摄具有视觉冲击力的微观世界。

【借助荷叶遮挡来拍摄含苞待放的荷花，可以营造出"犹抱琵琶半遮面"的羞涩之美；红花绿叶还可形成层次分明的色彩对比】

【近距离拍摄花蕊，可以表现出亭亭玉立的生命活力】

设置微距功能的方法如下。

以华为手机为例，点击"更多"按钮，选择"超级微距"选项，屏幕上方会提示最佳拍摄距离为 4 厘米，此时如果想要远距离拍摄，将无法实现清晰对焦。苹果手机没有微距功能，只能通过外接微距镜头来实现微距拍摄。

|4.2.3| 花枝也可当配角

大多数情况下，我们都会把花枝作为拍摄主体，但有时我们也可以尝试让花枝作为配角来装饰画面。

【花枝作为配角掩映着古色古香的建筑，"讲述"着春日的美好景象】

4.2.4 拍出旺盛的生命力

仰拍花枝可以表现蓬勃向上的生命力。利用红花、绿叶进行对比，可以营造出竞相妖娆的视觉美。

|4.2.5|水中落叶最伤感

　　秋天的落叶是令人伤感的，而水中的落叶更能让人感怀秋水长歌的瑟瑟寒意。冷蓝色的水面上漂浮着五彩斑斓的树叶，这样冷暖对比的画面仿佛是大自然的"调色板"碰撞出的一幅美丽画卷。

|4.2.6|雪中红叶最妖娆

　　雪后大地披上了白色的外衣，到处都是白茫茫的一片，此时的红叶在白雪的映衬下显得格外醒目。

4.2.7 雪天拍树枝，好像水晶宫

　　冰天雪地中，雪挂枝头的美丽场景不容错过。拍摄时可以选择山体、亭阁等作为主体，利用挂满雪花的树枝作为"配角"，这样既可以起到装饰画框的作用，又可以丰富画面的空间层次。

　　除了拍摄壮观的大场景，我们还可以尝试将视角转向局部进行重点表现。例如，拍摄枝头特写，重点突出雾凇晶莹剔透的细节之美。

第 **5** 章

如何拍好宠物与美食

5.1 姿态万千的"汪星人"与"喵星人"

　　呆萌的小狗小猫总是很惹人怜爱，如何才能记录下它们日常的可爱神态呢？下面我们从拍摄角度、用光角度、拍摄时机等方面来学习如何拍摄萌宠。

|5.1.1| 拍摄小狗背影，猜猜它在想什么

　　看到小狗坐在门口，大多数拍摄者往往会选择直接对着小狗的正脸或侧脸拍摄，捕捉小狗呆萌的表情。这样拍摄到的画面较为寻常，缺少新意。拍摄下图时，我们尝试从小狗的背后拍摄，这样可以拍出小狗仿佛在张望着主人的故事感。

扫码看视频

【 拍摄时要注意保留一些场景元素，以便更好地交代环境信息，丰富画面故事感 】

扫码看视频

| 5.1.2 | **用白纱表现清秀萌宠**

　　拍摄白色的小狗时，利用白纱帘布置场景可以起到简化画面的作用。拍摄时将小狗安排在白纱帘的缝隙中，形成框架构图，可以起到汇聚视觉中心的作用。画面整体呈现出的亮调氛围使小狗显得格外清秀动人。

|5.1.3| 拍摄猫咪影子，打造神秘"喵星人"

拍摄猫咪的影子可以营造出神秘氛围。拍摄例图时，作者采用了逆光拍摄，同时拍下了猫咪和它的影子。为了让画面看起来更有视觉冲击力，可将照片进行垂直翻转，这样就使猫咪的影子看起来更加突，使画面更有视觉冲击力。

扫码看视频

【拍摄效果】

【垂直翻转后的效果】

在光线明暗对比强烈的场景中，对准较亮的位置测光，可以保证亮部区域的曝光准确，而处于暗部区域的猫咪则会被拍成具有神秘气息的黑色剪影。

【高楼与小猫形成大小对比，增强了画面的视觉表现力】

| 5.1.4 | 拍出眼神光，你的猫咪最闪亮

　　眼神光可以让猫咪看起来更有精气神，要拍出猫咪的眼神光，需要让光线能够照射到猫咪的眼球。

扫码看视频

【 从侧面抓拍猫咪向上张望的专注神情，其清晰的五官细节让人印象深刻 】

| 5.1.5 | 逆光可以拍出金色镶边效果

　　想将猫咪的毛发拍出漂亮的金色镶边效果，需要选择阳光照射角度较低的傍晚时分，并采用逆光或侧逆光角度拍摄。另外，选择深色的背景可以让金色镶边的效果更加明显。

扫码看视频

|5.1.6| 低角度拍摄，欢迎来到"喵星人"的视界

　　放低手机，采用与猫咪视线接近的高度拍摄，可以让观看者更真切地感受到猫咪看世界的视角。野外的猫咪一般不敢亲近人，离人都很远，想要把猫咪拍得大一些，可以使用长焦镜头拍摄。

扫码看视频

【手机贴近木箱，利用箱体形成汇聚线构图，有效地突出了猫咪，并延伸了画面空间】

漂亮的小屋前，一只舌头舔着嘴的猫咪看起来十分惬意。使用手机的广角镜头并采用低角度仰拍，既可以容纳更多的场景信息，同时还可以将猫咪的拍得更显修长。

|5.1.7| 抓拍趣味瞬间，拍出吸睛萌猫

拍好猫咪的瞬间神态要做到两点：第一，手机离猫咪近一些拍摄，可以更好地突出猫咪的趣味神态；第二，选择在猫咪静止的状态下抓拍更容易，例如选择拍摄猫咪趴着发呆或者躺着睡觉的瞬间。

【左图的亮点是猫咪睡眼惺忪、睁一只眼闭一只眼的趣味感】

扫码看视频

【电脑桌上四仰八叉酣睡中的猫咪让人忍俊不禁，这样的场景既可以让人感受到猫咪的放松惬意，也可以让人感受到猫咪与主人的亲密无间】

当然，也可以拍摄处于动态中的猫咪。拍摄时最好选择动作幅度不大的瞬间进行抓拍，例如，猫咪坐下来舔爪子、伸懒腰、被逗时抬起两只前爪的瞬间等。

【拍摄右图时，倾斜手机，采用低角度仰拍，可以很好地表现出画面的动势】

【抓拍猫咪打哈欠的瞬间，画面自然而生动】

5.2 舌尖上的美食诱惑

扫码看视频

|5.2.1| 一抹光，让美食带上光环

　　光线会打破画面的平淡，让照片更有活力。在靠近窗户的位置，选择太阳初升的清晨时段拍摄，借助窗格的遮挡可以形成明暗交错的局部光照射效果。将要重点突出的食物放在光线照射的区域，可以让食物看起来更有光泽和质感。

【蓝色的垫布与暖色的食物形成冷暖对比，丰富了画面的色彩层次；牛奶杯、饼干、茶壶形成三角形构图，使画面具有稳定性】

|5.2.2|裁切，让美食更加突出

拍摄餐桌上的美食时，很多人都会习惯性地把整盘美食都拍进画面。实际上，有的时候只拍摄食物的局部反而会让其更加突出，更吸引人的眼球。

【整盘拍摄效果】

【对比上下两幅照片，上图中将整盘美食拍下的照片看起来有些单薄，而下图中拍摄美食局部的照片则看起来画面更紧凑饱满、美食更突出】

扫码看视频

【局部拍摄效果】

|5.2.3| 拍摄美食切面，让美食更诱人

拍摄带馅儿的美食时，将其切开，通过展示切面可以更好地突出食材用料的精致，让人更有食欲。

【拍摄完整美食】

【拍摄完整美食不容易激发观看者的食欲。将美食切开后，手机贴近食物拍摄，可以更好地突出食材的细节和质感，这样拍摄出的美食让人更有食欲】

扫码看视频

【将美食切开拍摄】

| 5.2.4 | 道具，让美食更贴近生活

　　拍摄美食时，道具的作用不可忽视，大到桌布、盘子，小到碗碟刀叉，都会不同程度地影响到画面的整体美感。

【 无道具拍摄 】

【 使用道具拍摄 】

【 无道具拍摄的照片运用了斜线构图，使画面看起来更有活力，但由于缺少道具，画面看起来不够生活化，更像是装饰品；通过添加刀叉、小碟等道具进行拍摄不仅丰富了画面结构，还增添了画面的生活气息 】

扫码看视频

|5.2.5| 不同的背景，可营造不同的情调

拍摄美食时，搭配不同的背景，可以拍出不同的画面氛围。左图利用深色背景拍出了低调高雅的深沉美，下图利用浅色背景拍出了阳光明快的清新美。

扫码看视频

【 几个红色辣椒的点缀让原本沉闷的画面有了活力 】

手机摄影与短视频制作从入门到精通

|5.2.6|换个角度，拍出空间感

　　很多摄影者习惯自上而下地俯拍美食，其实采用斜角度拍摄更能表现美食的立体感。　左图采用了接近垂直的角度俯拍，这样拍到的美食是平面的，而右图采用了倾斜约45°的俯拍，这样不仅容纳了更多的背景空间，还将美食拍得更有立体感。

【接近垂直角度俯拍】

扫码看视频

【倾斜约45°俯拍】

第 **6** 章

拍摄是谱曲，后期是演奏

6.1 使用Snapseed修图

　　Snapseed 是一款苹果和安卓系统都可以免费下载使用的修图软件，在华为应用商店中其名为"PS 指尖修图"。下面我们主要讲解 Snapseed 中的一些基本功能，来帮助大家快速上手操作。

|6.1.1| 如何让照片的色彩更鲜亮

　　遇到照片发灰、色彩不鲜亮的问题时，可以使用 Snapseed 中的"调整图片"功能轻松改善。

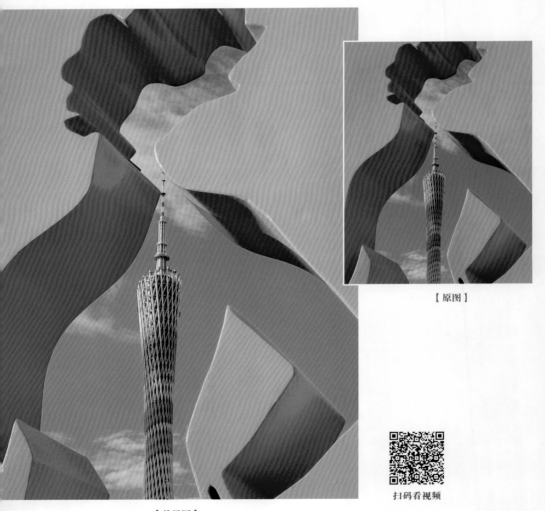

【原图】

扫码看视频

【效果图】

步骤一：调整照片的亮度与色彩效果

01 点开 Snapseed，在当前界面中点按任意位置。

02 在跳转的界面中，左右滑动照片缩览图，选择要进行后期处理的照片，也可以点击"打开设备上的图片"按钮，进入相册中查找照片。

03 在打开要调整的图片之后，图片下方会出现菜单栏，其中包括样式、工具、导出这3个按钮。

04 点击"工具"→"调整图片"按钮。

05 在跳转的界面中，点击调整图片按钮 ，弹出具体调整项，其中包含亮度、对比度、饱和度等多个选项。选择"亮度"选项，然后用手指在屏幕上向右滑动，就可以增大亮度数值，提亮画面。

06 然后，再分别选择"对比度""饱和度""高光""阴影"这几个选项，根据画面效果进行适当调整。其中，增强对比度可以让照片的明暗对比更强烈，使照片看起来不发灰。增加饱和度可以让照片的色彩更鲜艳，但是饱和度的数值不宜增加过大，否则容易使照片色彩失真。调整完后，点击界面右下角的对勾按钮 ✓，确认调整操作。

07 调整完照片后，点击"导出"按钮，可以选择3种不同的保存方式，分别是保存（所做更改可还原）、保存副本（另存为副本，所做更改可还原）、导出（另存为副本，所做更改不可还原），具体选择哪一种导出方式，可根据自己的需要选择。

步骤二：更改之前的调整

如果要更改之前的调整，可以点击顶部工具栏中的按钮 🔷，然后在图片下方弹出的选项菜单中，选择"查看修改内容"选项，这样就可以找到之前的调整步骤。针对例图，选择右图所示调整步骤中的"调整图片"选项之后，再在跳转的界面中点击调整图片按钮 🔠，就可以对之前的调整参数进行修改。需要注意这种保存操作步骤的功能只有苹果手机具备。

|6.1.2| 如何制作极简风格的黑白照片

这是一张低角度仰拍的徽派建筑照片，画面色彩和谐、线条简约，但艺术感不够强烈。下面通过 Snapseed 将照片转为黑白，来营造极简风格的画面效果。

扫码看视频

【原图】

【效果图】

步骤一：提高画面，并增强对比度

01 打开图片，点击"工具"→"黑白"
按钮。

02 在跳转的界面中点击调整图片按
钮 珪 ，在弹出的级联菜单中有亮度、
对比度和粒度（增加画面的颗粒感）3
个选项。选择亮度，用手指在屏幕上向
右滑动，可以提亮画面。

03 选择对比度，用手指在屏幕上向右
滑动，可以增加画面的明暗对比。点击
对勾按钮 ✓ ，完成当前操作。

步骤二：调整颜色过渡效果和明暗细节

01 点击按钮 ，在弹出的色彩滤镜中选择蓝色滤镜，使黑白过渡效果更自然。关于如何选择滤镜，最简单的方法是每种颜色的滤镜都尝试一下。点击对勾按钮 ✓，完成调整。

02 然后再点击"工具"→"调整图片"按钮。

03 在跳转的界面中点击调整图片按钮 菲，在弹出的级联菜单中分别调整亮度、对比度、高光和阴影，压暗高光区域以恢复一些亮部细节，压暗阴影区域以使暗部更暗，这样画面的对比效果会更加强烈。

步骤三：处理画面瑕疵

01 接下来，再对较脏的墙面进行处理。点击"工具"→"画笔"按钮。

02 在跳转的界面中点击"加光减光"按钮，点击向上箭头 ↑，增加亮度至+10，然后在要提亮的区域涂抹。

03 点击按钮 ⊙，画面中已涂抹的区域会显示为红色，这样可以帮助我们更准确地查看和控制调整区域。点击向下箭头 ↓，出现"橡皮擦"按钮，点击它可以擦去不想提亮的区域。点击对勾按钮，完成调整。

04 在返回的主界面中，点击"导出"按钮后，弹出下图所示的级联菜单，选择"保存副本"选项，可以同时保留原图和调整后的图。

|6.1.3| 如何让雪景更白净

【原图】

扫码看视频

这是一张曝光不足的照片，本来应该是很白净的雪，看起来有些发灰，下面讲解如何使用Snapseed中的"调整图片"功能使雪景变白。

【效果图】

01 打开图片后，点击"工具"→"调整图片"按钮。

02 在跳转的界面中点击调整图片按钮，在弹出的级联菜单中点击"亮度"选项。

03 在对雪景进行提亮前，先点击左图中的按钮，可以直方图形式显示图片的亮度分布信息，简单来说，在调整图片的明暗时，借助直方图可以避免明暗细节丢失。针对例图，当亮度增加至94时，直方图左侧区域呈密集状，这表明亮部值调得太高了，雪的明暗细节丢失了。

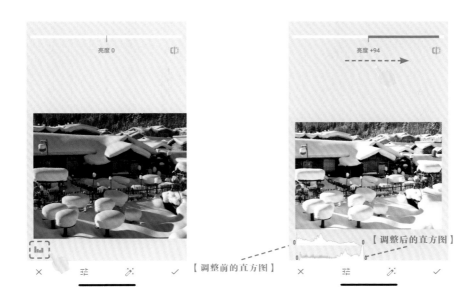

【调整前的直方图】

【调整后的直方图】

04 将亮度值降至 74 后，直方图左侧区域密集程度降低，雪的明暗细节得到还原。

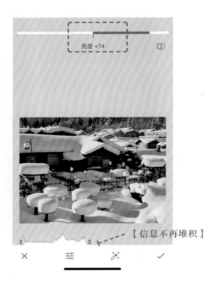

05 接下来调高光，减少高光，压暗最亮的区域，这样可以进一步还原雪的明暗细节。

06 调阴影，增加阴影的数值，可以提亮暗部区域。

07 调对比度，增加对比度，可以让画面的明暗对比更充分，使画面颜色不至于发灰。

08 调氛围，增加氛围的数值可以提升画面的细节，同时也会影响画面的对比度和饱和度，因此该数值不宜设置过高，因为细节过于突出会让画面看起来很假。另外，减少氛围的数值虽然会弱化画面的细节表现，但有些情况下可以使画面的过渡更加柔和自然。

09 调暖色调，由于画面中的雪有些偏冷的蓝色，因此需要增加一些暖色来调和。很多时候，我们在使用"调整图片"功能进行调整时，并不能一步到位地调整好，这时可以点击对勾按钮 ✓ ，完成当前的调整，然后再次点击"工具"→"调整图片"按钮进行叠加调整。

6.1.4 如何不让建筑东倒西歪

在使用手机的广角镜头拍摄建筑时，会出现边缘变形问题。例如原图中的立柱拍出来是倾斜的，可以使用 Snapseed 中的透视功能进行校正。

扫码看视频

【原图】

【效果图】

01 点击"工具"→"透视"按钮。

02 在跳转的界面中点击按钮 ▣，然后点击"智能填色"按钮，这样在进行变形调整时，软件会自动计算缺失像素区域的周边位置，并以此为参照进行自动填充。

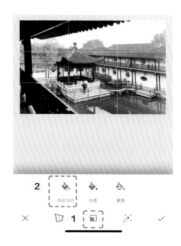

03 当边缘有较复杂的物体时，容易导致计算不准确，所以这种情况下不建议使用智能填色。这时可点击"白色"按钮，缺失像素区域会显示为白色；点击"黑色"按钮，缺失像素区域会显示为黑色。填充白色或黑色后，可以再通过裁剪去掉多余的白色或黑色。

04设置好缺失像素区域的填充方式后，点击按钮 ，可以选择"倾斜""旋转""缩放""自由"4种校正模式，这里我们选择"自由"模式，就可以在画面的4个角进行拖拽调整。

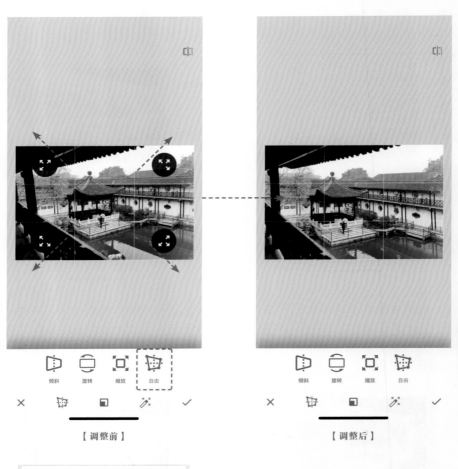

05点击"导出"按钮，选择"保存副本"选项，完成调整操作。

6.1.5 如何进行二次构图

很多时候，由于手机镜头焦段太短，或者拍摄时间太仓促来不及仔细推敲构图等原因，导致拍摄到的照片不理想，这时可以通过后期裁剪对照片进行二次构图。

【原图】

扫码看视频

【效果图】

01 点击"工具"→"裁剪"按钮，然后可以选择使用不同的长宽比例裁剪画面，例如，可以选择使用正方形、3∶2、4∶3等固定长宽比进行裁剪。

02 点击按钮 ↻，可以使裁剪框在横画幅和竖画幅之间进行切换。点击"自由"按钮可以自由调整裁剪框的长边和宽边的尺寸；点击"原图"按钮，可按照原图的比例进行裁剪。

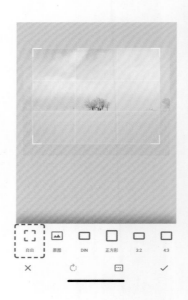

6.1.6 如何给照片添加相框

添加相框既可以美化图片，也可以通过制造边界感来收缩视线，更好地突出照片。下面来学习如何使用Snapseed中的"相框""展开"功能来添加相框。为了在纸张上更好地显示相框效果，这里我们选择添加黑色相框来演示。

扫码看视频

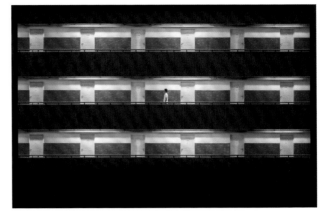

[效果图]

01 点击"工具"→"相框"按钮。

02 在界面下方的相框选项中可以选择不同的相框造型。需要注意的是这种添加相框的方式会遮挡一部分照片内容，并不是在保留原有照片完整的基础上添加相框。

03 手指在界面上方向右滑动可以添加相框的宽度。

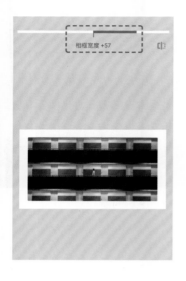

04 要在保留完整画面的基础上添加相框，需要使用"展开"功能来实现。点击"工具"→"展开"按钮后，可以对相框的颜色进行设置。

调整图片	突出细节	曲线	白平衡
剪裁	旋转	透视	展开
局部	画笔	修复	HDR 景观
魅力光晕	色调对比度	戏剧效果	复古
粗粒胶片	怀旧	斑驳	黑白

样式　　①工具　　　　导出

05 相框的颜色设置包括"智能填色"（根据画面周边像素信息自动计算）、"白色"和"黑色"这3种，下图是分别选择"白色"和"黑色"相框后的效果。选择好相框颜色后，就可以拖拽相框的4个边框，自由设置大小。

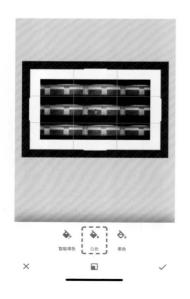

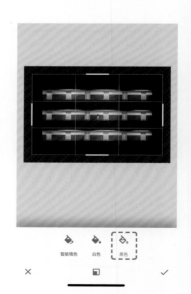

6.2 使用美图秀秀美化人像

手机和手机端 App 的人像美化功能十分智能，下面我们以美图秀秀为例介绍如何对人物进行美化。

6.2.1 超好用的"美容大法"

右图是一张手机原片，接下来我们通过美图秀秀对人物的脸型、下巴、皮肤、眼睛等进行一系列的调整。

扫码看视频

【原图】

【效果图】

步骤一：修饰脸型和下巴

01 打开美图秀秀，选择"人像美容"选项，然后从相册中选择要进行修饰的照片。接下来，点击"面部重塑"按钮，对模特的脸型和下巴进行修饰。

02 点击"脸型"按钮，选择"脸宽"选项。然后，向右拖动滑块进行"瘦脸"。调整时要把握整体美观，不能调得太过，那样看起来会太假。

【瘦脸前】

【瘦脸后】

03 选择"下巴"选项，向右拖动滑块可以收紧下巴。调整完成后，点击对勾按钮 ✔ 确认调整。

步骤二：美化皮肤

01 在选项栏中选择"一键美颜"选项，可以根据个人喜好选择不同的智能美颜滤镜。拖动滑块，可以改变滤镜的应用强度。

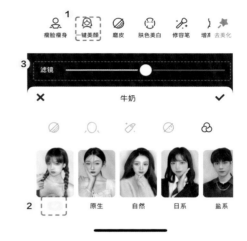

02 在选项栏中选择"磨皮"选项，可以选择自动或手动磨皮。选择"自动"磨皮，拖动滑块，可以改变自动磨皮的强度。选择"手动"磨皮后，可以自由选择要磨皮的区域对其进行涂抹。

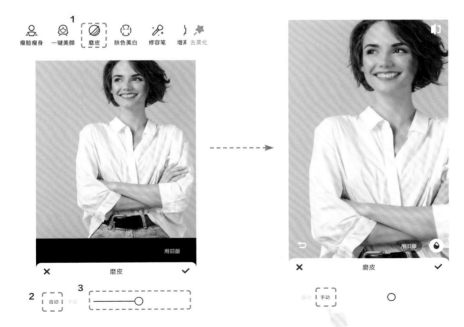

03 在选项栏中选择"美白"选项,在弹出的界面中选择合适的色调,通过拖动滑块,可以对人物的肤色进行调整。

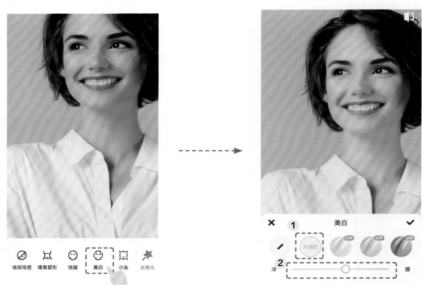

步骤三:提亮眼睛

在选项栏中选择"亮眼"选项,选择"自动"亮眼,拖动滑块可以控制提亮的程度。选择"手动"亮眼时,可以手动选择涂抹要提亮的区域。涂抹眼睛时,最好将图像放大查看,以便更精准地涂抹。

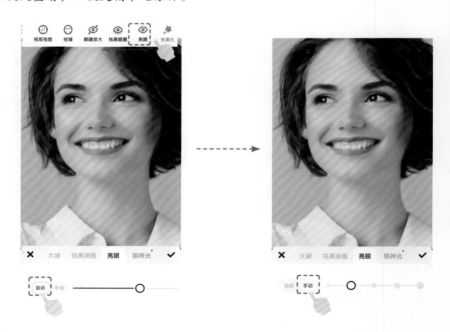

步骤四：美妆优化

01 在选项栏中选择"美妆"选项，可以对人物的妆容、口红、眉毛、眼妆等进行美化，拖动滑块，可以改变效果应用的强度。

02 在"美妆"选项中还可以使用"超清人像"功能，使用该功能时会提示安装"美颜相机"，下载并安装好美颜相机 App 后，点击"超清人像"按钮可自动完成对人物的美化。

|6.2.2| 快速制作多样拼图

01 打开美图秀秀 App，选择"拼图"选项，然后从相册中选择要进行拼图的照片，最多可以选择 9 张照片进行拼图。

扫码看视频

02 选择 7 张照片，点击"开始拼图"按钮。然后，界面中后会弹出 4 种拼图模式，分别是模板、海报、自由和拼接。点击"模板"按钮后，App 会根据选择的图片数量自动生成不同拼图组合的模板，在模板的上方可以选择整个拼图的长宽比例，例如 3：4、1：1 等。

03 在"海报"模式中，拼图模板增加了一些趣味图标和文字，因此看起来会比"模板"模式中的拼图模板更有趣。想要获得更多的海报模板，点击"海报"→"更多素材"按钮，就可以从中下载模板。

04 "自由"模式的使用方法是，点击"自由"按钮后先选择一张背景图，此时所有要进行拼图的照片是散落在背景图上的，需要手动调整照片的尺寸和位置。调整照片尺寸时，用两个手指在屏幕上同时滑动，就可以对照片进行放大或缩小。

05 "拼接"模式是以上下接排的方式将所有要拼图的照片一张接一张地拼成一幅长图。

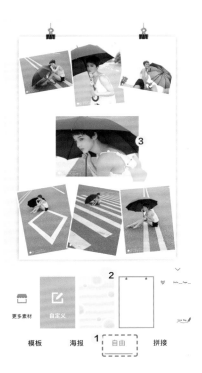

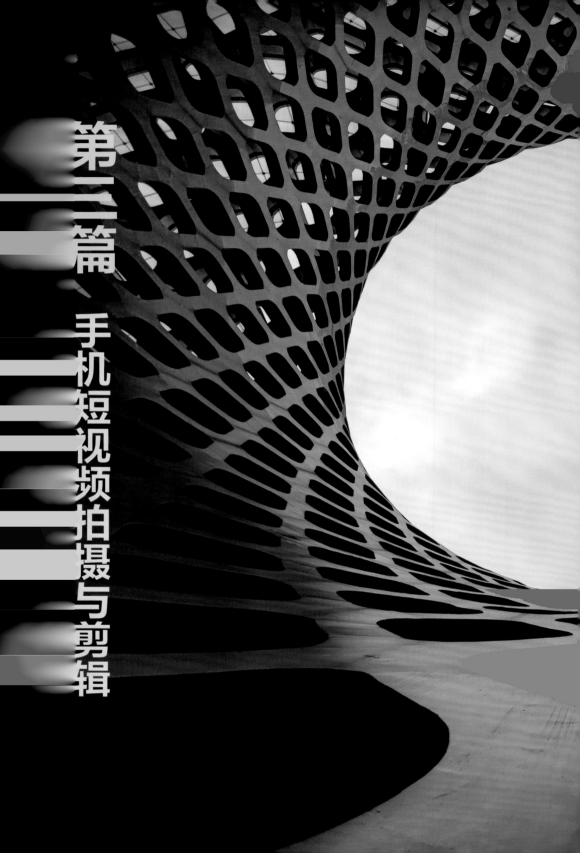

第二篇　手机短视频拍摄与剪辑

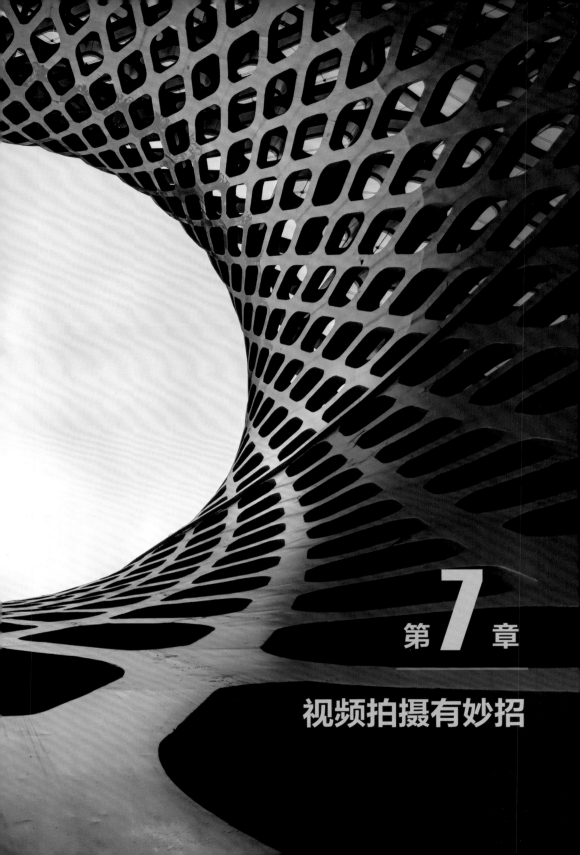

第 **7** 章

视频拍摄有妙招

7.1 手机的视频拍摄模式

手机上常见的视频拍摄模式有 3 种，分别是视频拍摄、慢动作和延时摄影。

7.1.1 视频拍摄

视频拍摄是最基本、最常用的拍摄模式，使用该模式可以录制不限时间长短的视频，当然前提是你的内存卡和电池续航足够用。以苹果手机为例，开启"视频"拍摄模式，点击拍摄按钮开始拍摄视频，再次点击拍摄按钮结束拍摄。在拍摄过程中，界面上方会实时显示当前视频的拍摄时长。

【点击开始拍摄】

【点击结束拍摄】

在视频拍摄界面上方，可以选择开启 /
关闭照明灯，设置视频分辨率为高清或4K(超
高清)，设置视频帧率为 24 帧 / 秒、30 帧
/ 秒或 60 帧 / 秒。下面我们来逐一介绍。

开启照明灯后，在光线较暗的环境下，
手机背后的照明灯会自动常亮进行辅助照明。

【开启照明灯】

高清和 4K 代表视频的分辨率，即视频画面显示像素点的多少。分辨率越高，视
频的清晰度就越高，高清视频的分辨率为 1920 像素 ×1080 像素，4K 视频的分辨
率为 3840 像素 ×2160 像素。

【设置分辨率】

【设置帧率】

一段视频是由一个个静止的画面
组成的，其中每个静止的画面被称为
"帧"。24 帧 / 秒表示的是视频帧率，
代表该视频每秒播放 24 个静止画面，
同理，30 帧 / 秒就代表每秒播放 30
个静止画面。视频帧率越高，播放效
果越流畅。因此，如果你需要拍摄高
质量的视频，就将视频设置为 4K+60
帧 / 秒。

7.1.2 慢动作

拍摄慢动作视频实际是拍摄高帧率的视频，如120帧/秒、240帧/秒、960帧/秒（华为手机），然后利用手机的低刷新率实现慢动作效果。例如，拍摄120帧/秒的视频，如果手机的刷新率为60Hz，那么视频就会以慢一半的速度进行播放。（注：手机的刷新率是指每秒显示静态图像的次数，通常手机的刷新率为60Hz ~ 120Hz）。

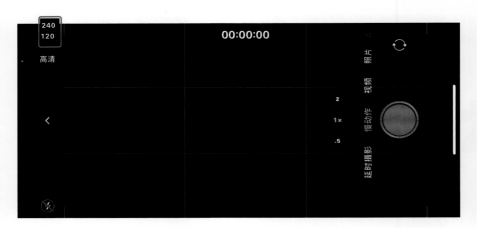

7.1.3 延时摄影

延时摄影也叫缩时摄影，它与慢动作的实现过程相反，是以较低的帧率拍摄视频，然后用正常或较快的速率进行播放。延时摄影常用于拍摄风云变幻的天气、川流不息的城市街头等景象。

7.2 学会运镜技巧，丰富视频镜头语言

　　想要拍出有吸引力、有张力的视频，运镜是最基本的技巧之一，今天就给大家分享几种基本的运镜手法，让新手也能拍出属于自己的微视频。视频拍摄的基本运镜手法主要有推、拉、摇、移、跟、甩、升、降。

|7.2.1| 前推后拉

　　推镜头是指拍摄者向拍摄对象的方向推手机，推镜头能给人逐渐接近被拍摄主体视觉感。由于镜头距离拍摄对象越来越近，画面包含的内容就逐渐减少，这样有利于对局部进行重点突出。

【 使用推镜头前的画面 】

　　拍摄推镜头有以下几种方式：

　　①拍摄者站立不动，通过向前伸展手臂来推镜头；

　　②手臂保持不动，通过向前移动脚步来推镜头；

　　③在手机上手动变焦（从广角端变焦至长焦端）来推镜头。

【 使用推镜头后，图片被放大 】

拉镜头的操作与推镜头正好相反，拉镜头会使镜头逐渐远离拍摄对象。拉镜头有助于展现更多的场景信息，可用于表现人与环境之间的关系。

【成片截图效果】

|7.2.2|环绕运镜

扫码看视频

环绕运镜要求拍摄者环绕拍摄对象移动镜头。这种运镜方式既可以让场景的变换更有立体感，也可以从不同的角度来突出人物。环绕运镜拍摄时要保持手机平稳地移动，并尽量保证手机与拍摄对象之间的距离相同。

【 与人物保持等距，呈圆弧形运镜 】

【 成片截图效果 】

|7.2.3| 移动跟随

移动跟随要求拍摄者跟随物体一起运动，从而保证拍摄者与拍摄对象之间的距离保持不变，而周围的场景是在不断变化的。

扫码看视频

【成片截图效果】

　　移动跟随既可以是拍摄者与拍摄对象保持平行移动，也可以是拍摄者跟在拍摄对象后进行移动。跟在拍摄对象后进行移动时，要与被拍摄对象保持相同距离，并匀速前进。

7.2.4 升降运镜和左右摇镜

　　升降运镜是借助升降装置或手臂，一边上下移动手机一边拍摄的运镜方式，镜头的升降可带来画面的扩展和收缩，通过视点的连续变化形成了多角度、多方位的构图效果。升降运镜要求拍摄者站立不动，然后通过上下移动手机来改变取景内容。

扫码看视频

【升降运镜既可以是自上而下的运镜，也可以是自下而上的运镜】

【成片截图效果】

同样，我们也可以通过左右移动手机来改变取景内容，即左右摇镜。左右摇镜拍摄时，拍摄者可以根据画面表达的需要，适当地加速或减速移动来变换画面节奏。

摇镜头分为两种方式，一种是在手持手机时，人物站立不动，通过手臂的上、下、左、右移动来切换场景；另一种是人物持机的手臂保持不动，通过平移脚步来切换场景。移动的过程中要保持足够的平稳，画面不能有明显的抖动。拍摄摇镜头需要一定的技巧：画面的开头要定格2秒，然后根据画面表达的需要选择合适的移动速度，快到结尾处再次定格1~2秒后缓慢地结束。

左右摇镜的过程类似于拍摄全景接片，拍摄时手臂要保持稳定，然后慢慢地从画面一侧移动至画面的另一侧。

7.2.5 甩镜头

甩镜头是快速移动拍摄设备，将镜头急速"摇转"向另一个方向，从一个静止画面快速甩到另一个静止画面，中间影像模糊，变成光流，这也与人们的视觉习惯是十分类似的，可以强调空间的转换和同一时间

扫码看视频

内在不同场景中所发生的并列情景，常用在表现人物视线的快速移动或某种特殊视觉效果，使画面有一种突然性和爆发力。

[成片截图效果]

　　拍摄和剪辑的时候，应该先考虑甩镜头与前后镜头的衔接，再来决定甩镜头的方向、速度和时长。

7.3 常用的转场技巧

　　转场就是场景与场景之间的过渡与转换，两个场景之间怎么能衔接自然又和谐呢？我们在看别人拍摄的短视频时会被各种炫酷转场吸引，感觉很高大上，这里我们就介绍几种适合手机拍摄的炫酷转场技巧。

7.3.1 遮挡转场

　　遮挡转场是指画面上的主体或其他元素完全遮挡住镜头，例如人物主动伸手遮挡或者用道具遮挡，以下案例中拍摄者以被拍摄者的后背遮挡画面，以达到转场效果。

扫码看视频

【 成片截图效果 】

右上方的四幅图是两个场景衔接时的画面截图，从人物到人物后背全部充满画面，转场衔接至下一个场景拍摄的镜头。这样的转场自然生动，不留痕迹。

7.3.2 空境转场

空境就是只有景物没有人物的镜头，可以是全景也可以是景物特写。举个例子，如果同一人物的两个镜头，人物处于不同场景或景别不同，这两个镜头衔接起来就容易让人感觉很生硬和突兀，衔接不自然，这时

扫码看视频

我们就可以在两个镜头之间加入一个没有人物只有景物的镜头作为过渡（如镜头二），
这个镜头就叫空镜头。

【镜头一】

【镜头三】

【镜头二】

在视频中引出下一个场景时，空镜头可以起到承上启下的作用，也可以调整前后镜头的逻辑关系，在两个不同场景的镜头中插入一个没有具体事件方向的空镜头，可以实现镜头间的安全过渡。

7.3.3 同一主体转场

短视频中的每一个场景都用同一个主体来衔接，上下镜头有承接关系，主体可以是人也可以是物。简单来说，连续几个镜头之间有相同的元素存在，这样就达到了画面的同一性，也就有了承接性。

扫码看视频

【 成片截图效果 】

　　拍摄以上短视频时，3 个镜头都有相同人物出场，画面有了连续性，想象空间也就更加丰富了，短视频的故事感也更强。

7.3.4 运镜转场

　　运镜转场是指使用相同的运镜来拍摄不同的场景，运镜方式可以是推、拉、摇、移、跟、甩中的任何一种。想要拍出炫酷视频，学会运镜转场很重要。

　　以下这个短视频是用移动跟随运镜手法拍摄处于不同场景的同一人物，所以出现了叠加的移动跟随镜头效果。这种相同运镜转场的方式保证了每个场景画面节奏的一致性，让观者产生一种运用了排比画面的观感享受，使整体画面更有气势和震撼力。

扫码看视频

【 成片截图效果 】

　　想要制造镜头之间动感的无缝衔接，除了运镜方式一致，运镜方向也要一致。

第 **8** 章

剪映，让视频变精彩"轻而易剪"

8.1 添加视频素材

扫码看视频

使用手机不但可以拍摄视频，还可以通过剪辑软件快速完成视频制作。下面以剪映 App 为例讲解视频剪辑的一些基本操作方法。

8.1.1 导入素材

打开剪映 App，点击"开始创作"按钮，在"最近项目"列表中选择要剪辑的视频，然后点击"添加"按钮，导入视频素材。

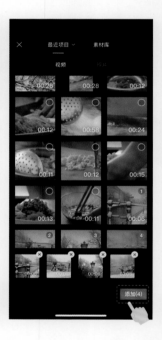

8.1.2 调整素材位置

导入的素材会以点选的先后顺序进行排列。如果要在剪辑界面中调整素材的排列顺序，可以用手指点中要调整位置的素材不放，然后进行拖动更改位置。当素材很多，在一屏中无法全部显示时，用两个手指在屏幕上同时滑动可以放大或缩小显示素材，以便于调整。

01 导入素材后，点中要移动的素材不放，左右移动素材，将其调整到合适的位置。

02 双指在屏幕上同时滑动可以放大或缩小显示素材。

│8.1.3│ 调整素材播放时长

要调整某段视频素材的播放时长，只需点击该段素材，然后向内拖动左右两端的边框就可以缩短素材的播放时长。

注意：素材的播放时长只可以缩短，不能延长。例如，原视频素材的播放时间为5秒，那么我们可以缩短至1秒或3秒，但不能增加至6秒。如果调整的是图片素材，那么播放的时间长短可以任意调整，可以是5秒，也可以是7秒或更长时间。

【素材原本播放时长为5.5秒，压缩后播放时长为3.3秒】

上述调整是在不改变素材播放速度的情况下，通过降低帧率来缩短播放时长。另一种缩短播放时长的方法是通过调整播放速度来实现。例如，我们可以两倍的播放速度播放素材，这样播放时长就可以减少一半。

01 点选素材片段，在界面下方点击"变速"按钮。

02 点击"常规变速"按钮。

03 拖动图中所示的红圈，更改素材播放速度，其中 2x 表示以两倍的播放速度播放素材。

04 点击"曲线变速"按钮，在弹出的选项中，选择不同的曲线可以获得不同的变速效果。要想手动更改变速效果，可以点击曲线选项上的"点击编辑"按钮，然后上下拖动曲线上的控制点（白圈）改变播放速度。

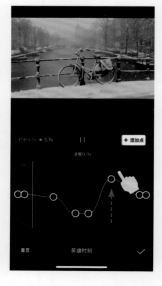

|8.1.4| 拆分、删除素材

当我们觉得一段素材的中间部分不理想，想要删除这部分时，就需要先拆分素材，然后再删除。点中素材，将时间线拖动至要删除素材片段的起始位置，然后点击界面下方的"分割"按钮，将素材从此处分割开。继续将时间线拖动至要删除素材片段的结束位置，再次点击"分割"按钮，完成素材的拆分。最后，点击拆分出来的这段素材，在界面下方点击"删除"按钮，即可删除这段素材。

8.2 制作转场和关键帧动画，让视频过渡自然

下面我们导入一组图片素材，来演示如何制作转场和关键帧动画。

在"最近项目"列表中点选照片素材，点击"添加"按钮，导入素材。由于导入的图片素材既有竖画幅的又有横画幅的，直接播放会影响画面的统一感。因此，我们需要先对图片的画幅进行统一。

首先，确定统一按竖画幅播放图片，然后点击横画幅图片，在界面下方点击"比例"按钮，在比例选项中保持默认的"原图"画幅比例不变，然后用双指在图片上同时滑动，放大图片，放大至图片四周的黑边被填满即可。

|8.2.1| 转场技巧

转场作用于相邻两段素材，是对前面素材结尾部分和后面素材开始部分所做的过渡处理。通过转场，可以使视频素材之间的切换自然流畅，不显生硬。

扫码看视频

在剪映App中，点击相临两段视频素材中间的小方框图标，会自

【运镜转场】

【特效转场】

【MG 转场】

动弹出转场选项，其中包含基础转场、运镜转场、特效转场、MG 转场等多种类别的转场效果。

选择好转场效果后，拖动界面下方的滑块可以改变转场的持续时长。时间越长，转场特效会越慢；时间越短，转场特效会越快。

8.2.2 制作关键帧动画

下面我们来介绍如何利用关键帧制作"图片先放大后缩小"的动画效果。首先明确一点，要制作关键帧动画至少需要两个关键帧（一组）才能实现。

01 点击图片，拖动时间线至要添加关键帧的位置，点击添加关键帧图标，该位置会生成一个菱形的关键帧图标。

扫码看视频

02 继续拖动时间线至下一个需要添加关键帧的位置，然后双指同时滑动放大图片，这时时间线所在位置会自动添加第 2 个关键帧，这样两个关键帧之间的这部分素材就实现了逐渐放大的效果。

03 继续拖动时间线至第 3 个要添加关键帧的位置，双指滑动缩小图片，添加第 3 个关键帧，这样就能制作出"图片先放大后缩小"的动画效果。

关键帧图标

8.3 添加字幕，让视频更有艺术感

为视频添加字幕可以起到辅助说明并提升艺术格调的作用。

扫码看视频

8.3.1 添加有艺术感的字幕

导入视频素材后，点击界面下方的"文本"按钮，然后点击"新建文本"或"文字模板"按钮来添加字幕。在文字模板下，有"精选""标题""字幕""时间"等多个分类选项。选择文字模板后，可以对文字内容进行更改，但不能改变文字的颜色和样式。

想更灵活地控制字幕效果，就点击"新建文本"按钮。首先，输入要添加的文本内容。然后，双指同时滑动，调整文本框的大小。直接拖动文本框可以将文本框放在画面上的任意位置。

接下来，我们来改变字幕效果。字幕调整选项主要有"样式""花字""气泡""动画"这几类选项。 点击"样式"按钮，可以设置字体、颜色、描边、标签等内容。

01 点击"样式"按钮，选择"标签"选项，可为字幕填充底色。在界面下方的色条中可以更改底色；拖动透明度滑块，可以改变颜色的深浅程度；在"粗斜体"选项中，可以加粗文字、将文字设为斜体和添加下划线。

02 选择一款有艺术感的字体，例如"新青年体"。 点击"花字"按钮，选择合适的样式应用后可以让字幕更有立体感。 点击"气泡"按钮，选择合适的样式应用后，可以为字幕增加有趣的文字框。

03 点击"动画"按钮，可为字幕添加动画效果，默认的字幕动效是针对字幕入场设置动画，选择出场动画可以设置字幕退出时的动效，选择循环动画可以让动效反复播放。动画中包括收拢、弹弓、空翻、弹性伸缩等多个字幕动画效果。这里我们选择"空翻"效果，然后拖动下面的时间滑块可以控制字幕动画的速度。时间越长，动画播放速度越慢。

04 设置好动画后，拖动素材下方的文本框，可以改变字幕出现的位置，拖动文本框边框可以调整字幕的持续时长。

|8.3.2| 添加带键盘敲击声的渐出字幕

扫码看视频

在剪映里制作带键盘敲击声的渐出字幕十分简单，只要设置字幕的动画效果并添加音效就可以实现。

01 点击"动画"按钮，设置字幕入场动画为"打字机1"效果，设置字幕出场动画为"渐出"效果。点击界面左下角的返回上一级按钮，直至回到导入素材后的界面。点击"音频"按钮，然后点击"音效"按钮，在"机械"音效中选择"打字声2"效果，点击下载后，再点击"使用"按钮就可以应用该音效。

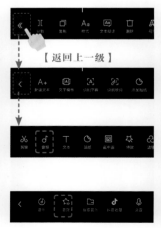

02 音效添加的位置为时间线所在的位置。除了添加音效，添加文字、音乐等都遵循这一规则。

【时间线在中间位置，添加的音效也在中间位置】

【时间线在起始位置，添加的音效也在起始位置】

03 由于字幕有长有短，因此我们需要调整打字音的时长来匹配字幕，拖动音效框的边框就可以调整时长。

8.4 制作卡点视频，让视频更有活力

制作卡点视频是将音乐与视频的节奏进行匹配，来营造节奏感强烈的视听效果。卡点视频分为：照片卡点和视频卡点两类。照片卡点是根据音乐的节奏切换图片，视频卡点是根据音乐的节奏进行转场或内容变换。

8.4.1 如何制作图片卡点

01 点击图片素材下方的"＋添加音频"按钮，然后点击"音乐"按钮。

扫码看视频

02 在音乐界面中有抖音、卡点、流行、旅行、VLOG等分类。这里我们点击"卡点"按钮，在卡点音乐列表中点击音乐的缩略图可以试听音乐，找到合适的音乐后，点击其右侧的按钮，可下载并使用该音乐。

03 点击选择的音乐素材，点击界面下方的"踩点"按钮，开启"自动踩点"功能，点击"踩节拍 I"按钮进行自动踩点。"踩节拍 I"的节奏相对较慢，没有"踩节拍 II"踩点密集，我们可根据需要的效果进行选择。

完成自动踩点后，每一个节奏点会以黄色圆点标注出来。接下来，我们需要调整图片播放的时长，让图片衔接的位置刚好对齐黄色圆点，这样图片在切换时就会正好卡在音乐的节奏点上。

04 设置好卡点后，我们来增加转场，让图片的切换更有动感。首先，点击音乐素材，将时间线拖至图片结束位置，点击"分割"按钮，再点选分割后的多余音频素材，并点击"删除"按钮，将其删除。接下来，点击图片素材之间的小白框 | ，添加转场效果。

05 拖动"转场时长"滑块，可以根据画面的需要更改转场时长，点击"应用全部"按钮可以将当前选择的转场效果应用到所有素材上。

|8.4.2| 如何制作视频卡点

01 与为图片添加音乐的操作步骤相同，这次我们选择音乐中的"VLOG"类别，找一首节奏感强烈一些的音乐，点击下载按钮↓下载音乐，然后点击"使用"按钮，添加该音乐。

扫码看视频

02 由于音乐开头部分的节奏较为平缓，因此需要剪掉开头这部分，将时间线移至需要剪切的位置，点击"分割"按钮，点选分割出来的开头部分音乐，并点击"删除"按钮，删除该段音频，再将保留的音频拖至视频起始位置。

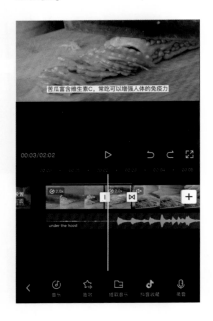
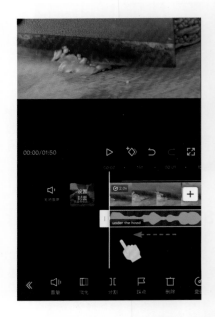

03 开启"自动踩点"功能，选择"踩节拍‖"进行自动踩点。完成自动踩点后，双指在屏幕同时滑动，放大素材查看，拖动视频素材的边框，使视频素材的结束位置与黄色圆点对齐。

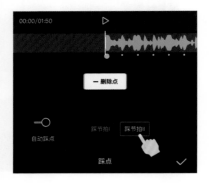
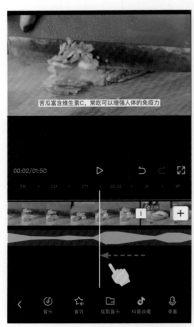

　　按照相同的方法，把后面的每一段视频素材的结束位置都与邻近的黄色圆点对齐。如果导入的是一整段完整的视频素材，那么我们要根据内容和转场的需要先对素材进行分割。

04 当导入的视频素材自带背景声音时，我们需要处理好新添加音乐和原背景声音的关系。确定是需要关闭还是保留原背景声音，或降低原背景声音的音量。点击"关闭原声"按钮即可关闭背景声音。要调低音量，点击"音量"按钮，将背景音调小即可。如果我们想将某段背景声音调为静音，将该段素材的音量调至0即可。

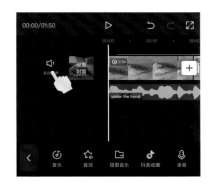

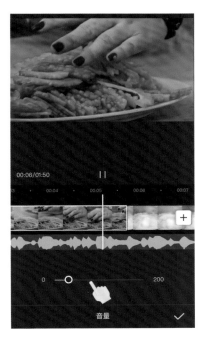

8.5 短视频案例分享

|8.5.1| 正定古城

优秀的短视频离不开好的脚本。脚本的作用是帮助我们明确每一个创作环节， 明确制作视频所需要的素材。

扫码看视频

构思脚本

在进行脚本创作前，先要确定拍摄时间、拍摄场地和参演人物，然后有针对性地组织分镜头脚本，例如景别、拍摄方法、时间、画面内容、机位、音效等。下面我们来分解一下"正定古城"介绍视频的镜头脚本。

镜头编号	拍摄方法	时间	画面
1	全景拍摄	1~3 秒	将牌坊纳入画面，拍摄迎面面来的车流
2	用框架构图拍摄远景	3 秒	人物从城门中款款走来
3	镜头贴近地面，取景人物膝盖以下，对焦点选择远景	3 秒	人物踏着脚步向镜头走来
4	拍摄地图	2 秒	要有人物手指地图的动作
5	使用大远景拍摄人物从墙壁前走过	7 秒	人物从画面右侧，大跨步走向左侧
6	使用远景拍摄人物向镜头走来	3 秒	用框架构图收缩视线，拍摄人物全身
7	使用远景拍摄人物从城门楼下走过	3 秒	尽量多取景城门楼，让人物和城墙之间形成强烈的大小对比
8	使用中景拍摄人物上半身	3 秒	侧逆光拍摄，人物手指划过城墙，向镜头方向慢慢走来
9	低角度仰拍风铃	3 秒	拍摄时录入风铃的声音，也可以后期添加音效
10	仰拍建筑，镜头慢慢抬起	3 秒	人物手指指向建筑牌匾
11	仰拍建筑正面，镜头缓缓向上	5 秒	拍摄牌坊全景

续表

镜头编号	拍摄方法	时间	画面
12	使用近景拍摄人物上半身	2 秒	人物抬起手臂，手掌张开，遮挡阳光
13	使用远景仰拍远处的屋檐	5 秒	拍摄鸽子飞起的过程
14	跟随人物拍摄其背影，使用中景拍摄人物上半身	5 秒	拍摄夜晚霓虹灯下，人物回眸一笑的瞬间
15	特写人物背影	4 秒	拍摄人物观看演出的背影，背景由模糊逐渐变清晰
16	使用中景，围着人物环绕运镜，拍摄人物上半身	5 秒	从人物后方逆时针环绕运镜至人物正前方
17	使用中景拍摄人物上半身	3 秒	拍摄人物从画面右侧走向左侧
18	使用全景拍摄人物的大半身	3 秒	拍摄人物甩手指向身后夜色的动作

准备背景乐和文案

背景音乐可以自行从网上下载，或者也可以在剪映 App 的音频中选择合适的音乐。一段声音柔美的解说可以让画面显得更生动、更有氛围。

正定古城文案

哈喽大家好。今天我来带大家转一转，正定古城春天的样子。

在这里没有了大城市的拥挤和嘈杂。放缓脚步显得舒缓而又随意。

作为我国现存较少的明代城墙遗存，正定古城墙代表着一个时期的文化艺术，承载着丰厚的文化内涵。

一座古城代表着一段历史，寺塔古朴，城墙巍峨，如诗如画，这里的一景一物仿佛都在向人们述说它曾经有过的辉煌。

正定的夜景也很美，夜色里，在霓虹灯光的衬托下，正定古城美轮美奂。置身于流光溢彩的古城中，眼前是一幅幅立体式的画卷，感受着古城独特的韵味，惹人心醉，让人回味。

在剪映中剪辑视频

完成素材的拍摄后，我们需要将素材导入手机上的剪映 App 进行剪辑。

01 点击"剪辑"按钮，再点击"开始创作"按钮，然后在最近项目列表中选择要导入的视频素材。如果想取消错选的素材，再次点击该素材就可以取消选择。

02 接下来，按照脚本拖曳视频素材的排序，并对每个镜头的视频进行剪辑。剪辑时要注意以下几点。

第一，按照脚本控制好每段素材的时长，通常一段素材的时长要控制在 2~3 秒。当然也有例外，例如，有的场景只需要展示 1 秒，而有的场景却需要 5~6 秒。

第二，要截取画面完整、构图优美、人物动作和表情到位的瞬间。在剪辑镜头 2 时，去掉了将人物的脚拍入画面的那部分；镜头 3 保留了背景清晰、人物腿部模糊的那部分。

【镜头2】

【镜头3】

第三，对于构图欠佳的场景，可以将其适当放大。例如，可以将镜头4原素材中的景点分布图放大显示，在素材上滑动双指放大画面，放大后的效果如右图所示。

【镜头4原素材】

【画面放大的效果】

03 接下来我们依照上文所述的剪辑思路来讲解脚本中主要镜头素材的剪辑方法。左图是将镜头5的素材剪成3段，目的是为了应用后面的"叠化"转场效果，使画面看起来有一种时间流逝的动感；右图是保留了镜头6中人物全景的一小段。

【镜头5】

【镜头6】

镜头7保留了人物从画面右下角走过来的一小段，结束画面选择了人物在画面中接近九宫格交叉点的位置时的画面；我们对镜头8的素材片段做了小幅度地放大，使画面看起来更加紧凑。

【镜头7】

【镜头8】

镜头 10 剪掉了素材后半段人物指向牌匾停留的那段时间；镜头 12 截取了人物动作和表情表现最佳的一段。

【镜头 10】   【镜头 12】

镜头 13 将建筑屋顶进行放大，重点表现鸽子飞起的过程；镜头 14 保留了画面中的眩光效果；镜头 15 保留了背景中歌者起唱的开头部分。

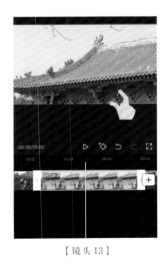

【镜头 13】   【镜头 14】   【镜头 15】

因为其他未列出的镜头素材的剪辑思路与上述镜头类似，所以这里不一一列举介绍。

04导入人声和背景音乐。点击"音频"按钮，再点击"音乐"按钮，然后从推荐音乐中下载合适的音乐，或者点击"导入音乐"按钮，从"本地音乐"中添加合适的音乐。

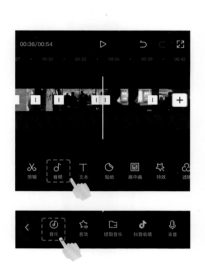

在导入本地音乐时，如果不清楚其存储路径，可打开该音乐，点击右上角的三个点，然后点击"其他应用"按钮。

从显示的应用中选择"剪映"，就可以将音乐直接导入到剪映的音频轨道上。

导入背景音乐后，需要将音乐的前奏部分剪掉。然后点击"淡化"按钮，为音乐增加淡入、淡出效果，这样背景音乐听起来不会显得突兀。导入人声与导入背景音乐的方式相同，这里不再重复介绍。

【剪除背景音乐的前奏部分】

【点击"淡化"按钮】

【设置淡入、淡出效果】

05 对部分视频素材的原音做静音处理。静音操作主要针对原素材中不需要的杂音。

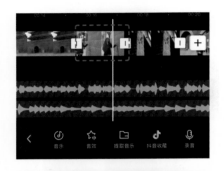

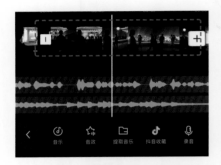

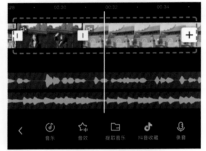

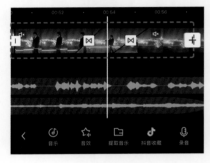

06 给车流变速。点击"变速"按钮，再点击"曲线变速"按钮，选择"蒙太奇"效果，然后在预设的基础上拖动控制点，手动调整变速。

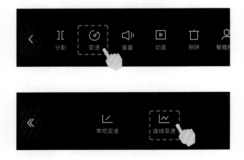

【选择蒙太奇效果】

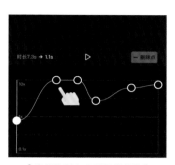

【拖动控制点手动调整变速】

07添加转场。人物在红墙前
走动的这3段素材一共需要添
加两个转场。点击两段素材之
间的白框 I，在基础转场中选
择"叠化"效果，拖动转场时
长处的滑块可调整时长。

【添加转场】

【选择"叠化"效果】

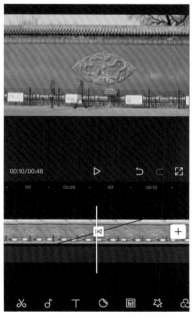

【添加转场后的效果】

08 导出视频。点击"导出"左侧的分辨率设
置按钮，将视频的分辨设置为 1080P，帧率设
置为 30 帧 / 秒，然后点击"导出"按钮，导
出视频。

8.5.2 草莓冰点

本节我们来学习如何拍摄、剪辑一段在家制作草莓冰点的短视频。
首先，还是从构思脚本和准备素材开始。

扫码看视频

构思脚本

首先，将视频的主要场景安排在厨房，将视频的开头安排在客厅，将视频的结尾
安排在餐桌上。然后，在取景上，主要应用以下几种方法。

1. 记录场景时，采用中景表现人物的局部动作。

2. 切换至俯视角度拍摄，突出局部细节，例如镜头 3。

3. 从中景切换至近景平视角度拍摄，例如镜头 4 到镜头 5 拍摄草莓特写，镜头 7
到镜头 8 拍摄火苗特写。

4. 由下而上地缓慢运镜，例如镜头 16。

镜头编号	拍摄方法	时间	画面
1	在明亮的窗户前拍摄	5 秒	拍摄人物从闲坐到起身准备做美食的动作
2	缩小景别，只拍摄人物手臂	8 秒	拍摄人物将草莓从水中捞出到沥水篮中的动作
3	切换至俯拍角度	2 秒	突出草莓的光泽和细节
4	回到镜头 2 的景别和角度拍摄	3 秒	拍摄给草莓去蒂的动作
5	将手机置于桌面，以平视角度贴近草莓拍摄	5 秒	逆光拍摄，特写草莓
6	切换至俯拍角度，缩小景别拍摄	5 秒	拍摄人物抓拌草莓的细节
7	回到镜头 2 的景别和角度拍摄	7 秒	拍摄将草莓放入锅中，打开煤气灶的动作
8	低角度拍摄火苗	2 秒	拍摄煤气灶点火的细节

续表

镜头编号	拍摄方法	时间	画面
9	使用中景拍摄人物上半身	2 秒	逆光拍摄人物站在灶台前搅拌锅中草莓的动作
10	高角度俯拍锅中的草莓	3 秒	将观看者的视线再次切到草莓上
11	继续缩小景别，拍摄特写	3 秒	放大细节，展示草莓的诱人光泽
12	回到镜头2的景别和角度拍摄	2 秒	拍摄将草莓从锅中捞出到保鲜盒中的动作
13	高角度俯拍	3 秒	换个角度拍摄从锅中捞草莓的动作
14	回到镜头2的景别和角度拍摄	4 秒	拍摄将锅中草莓汁浇到草莓上的动作
15	近距离俯拍草莓	3 秒	特写草莓的诱人光泽
16	从低到高，慢慢向上运镜	4 秒	先拍摄人物用勺子捞草莓的动作，然后使用跟镜头拍摄草莓被捞起的过程，以及人物将草莓含入口中的过程
17	将镜头停留在人物身上，保持近景拍摄	3 秒	拍摄人物表现草莓好吃的赞许表情

准备背景音乐和文案

背景音乐可以选择轻松活泼的音乐。文案主要讲解了草莓冰点的制作过程，将其制作成字幕时，可以先将整段文字拆分成短句，这样方便添加。

草莓冰点文案

哈喽大家好，今天我们来一起做一个没有任何化学添加剂的天然网红冰激凌——草莓冰点。首先我们要把草莓洗净、去蒂备用，然后再用大量的棉白糖进行腌制，在这里一定要记住把它抓拌均匀，以看不到大颗粒的白糖为准。大概一个小时之后，就可以把草莓放入锅里，然后再用小火慢慢地把草莓的汁水熬出来，可以看到粉粉嫩嫩的草莓汁真的超级治愈。等到大概放凉一点之后，就把它盛进保鲜盒里，一定不能浪费，要把所有的汁水全都盛出来。在等待大概半个小时之后放进冰箱，冷藏20分钟就可以享用了，将大块的草莓包裹着冰沙一起吃，真的超级满足。

在剪映中剪辑视频

01 点击"剪辑"按钮，再点击"开始创作"按钮，然后在最近项目列表中选择要导入的视频素材，点击"添加"按钮。

 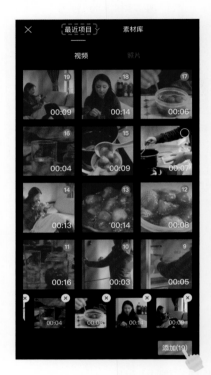

02 点击"关闭原音"按钮，对所有视频素材进行静音处理。

【关闭原音】

【镜头1】

03拖动轨道上的视频素材，根据脚本进行排序，然后对每个镜头的素材进行剪辑。镜头1中人物从沙发站起来的过程中，有一段掀开毛巾的动作看起来有些冗余，需要剪掉。

人物起身的这段素材因为拍摄时没有控制好曝光，因此需要将其提亮。在轨道上点击要提亮的素材，点击"调节"按钮，再点击"亮度"按钮，然后向右拖动滑块，提亮画面。

【点击"调节"按钮】

【点击"亮度"按钮，提亮画面】

接下来，使用同样的方法提亮镜头 1 的其他片段。

【提亮镜头的其他手段】

04 下面我们继续讲解如何对脚本中的其他主要镜头素材进行剪辑。在剪辑过程中，要注意镜头的衔接，这也是本例要讲解的重点。镜头 2 需要剪切至人物正好捞出草莓的位置，这样就能与接下来镜头 3 的俯拍画面无缝衔接，保证了画面转换的自然流畅。

【剪切至草莓刚被捞出的位置】

【衔接俯拍草莓的画面】

镜头 7 表现人物伸手扭开煤气灶，然后切换到镜头 8 对煤气灶火苗的特写。因为是分两段拍摄的，因此需要把两段视频中的重复片段剪掉（剪掉镜头 8 中扭开煤气灶的片段，只保留火苗被点着的这一段）。

【镜头7】

【镜头8】

05 接下来，对后面3组镜头进行剪辑。镜头9用中景拍摄人物半身照，交代了场景信息，这里不需要做过多的停留，可以大幅裁剪。下一镜头（镜头10），缩小了景别，可保留2~3秒的时长，记录铲子在锅中搅拌的过程。镜头11进一步缩小了景别，突出了草莓的诱人光泽。

【镜头9】

【镜头10】

【镜头11】

【镜头 12】

下面这 3 个镜头主要是对取景视角做了切换。首先，镜头 12 以中景拍摄人物从锅中捞出草莓的过程。接下来，迅速切换至镜头 13 的近距离俯拍角度。最后，镜头 14 又再次切换到中景。

剪辑的过程中要注意把握镜头衔接的时机。

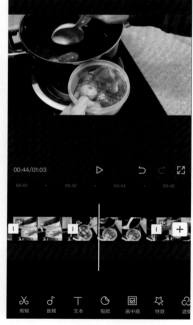

【镜头 13】

【镜头 14】

结尾部分的 3 个镜头是从拍摄草莓的特写开始，到拍摄人物将草莓捞出，再到将草莓放入口中，组成了一个连贯的动作。

镜头 15 剪掉了视频开始部分有明暗变化的片段，镜头 16 剪掉了视频后半部分人物将草莓含入口中的特写画面，这样画面直接过渡到镜头 17 中的人物半身景片段。

【镜头 15】

【镜头 16】

【镜头 17】

06 添加背景音乐和人声录音。背景音乐的添加方式很简单，前面已经介绍过，这里不再赘述。由于接下来要添加人声录音，因此需要适当降低背景音乐的音量，以减少对人声的干扰。当然，音量的调整最好是在添加人声后再整体做微调。

【点击"音量"按钮】

【降低背景音乐的音量】

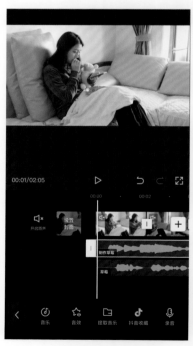

【整体微调音量】

07 添加完人声录音后，需要检查每段素材的画面是否和人声匹配。例如，我们拖动新添加的"草莓"（人声录音）音轨至第二段视频素材的中间位置。当音频的时间长于视频画面时，就需要拖动视频素材的边框增加时长。简单来说，如果原本5秒的视频剪切至2秒后，当其时长小于音频时长时，就需要根据音频时长恢复视频时长。当画面播放时间较长时，容易出现画面还没播放完，声音却播放到下一段的问题，对此需要裁剪音频，然后拖动后面的那段音频，将其与下一段视频对齐，这样两段素材之间就会留有一段空白作为停顿。

【检查画面与人声是否匹配】

【根据音频时长恢复视频时长】

【根据画面裁剪音频】

08 导出视频，然后再对导出的视频添加字幕。由于剪映无法自动识别音频生成字幕，但是能识别视频，因此我们需要将剪辑好的视频导出，然后将导出的视频重新导入剪映来识别字幕。

【导出视频】

【将导出的视频重新导入】

09 自动识别字幕。点击"文本"按钮，再点击"识别字幕"按钮，在弹出的对话框中点击"开始识别"按钮，就可以自动识别出字幕。然后，我们需要核对字幕，改正识别差错。

【使用自动识别字幕功能】

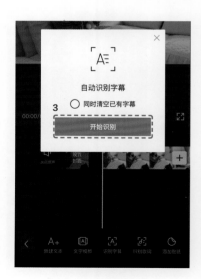

【点击"开始识别"按钮】

10 调整字幕效果。点击文字轨道，点击界面下方的"样式"按钮，然后在标签栏中，选择"花字"或"气泡"效果。此外还可以在"样式"中对文字的颜色、描边、粗细等做进一步地调整。

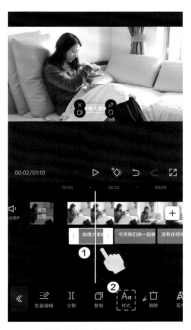

【核对并修改识别差错】

【选择"花字"效果】

【选择"气泡"效果】

【调整文字样式】

图书在版编目（CIP）数据

手机摄影与短视频制作从入门到精通 / 神龙摄影编
著. -- 北京 : 人民邮电出版社，2022.6
ISBN 978-7-115-57545-6

Ⅰ. ①手… Ⅱ. ①神… Ⅲ. ①移动电话机－摄影技术
②视频制作 Ⅳ. ①J41②TN929.53③TN948.4

中国版本图书馆CIP数据核字(2021)第263359号

内 容 提 要

　　许多刚开始接触手机拍摄的爱好者认为手机拍摄比较简单,但在实践时却发现拍摄出好
作品并不容易,比如拍出来的照片虚、黑、歪斜、偏色、画面杂乱、没有美感、没有格调
等。如果不知道如何解决这些问题,那么就可以通过阅读本书找到答案。

　　本书不仅系统讲解了手机摄影的基础知识、不同主题内容的拍摄方法,还详细介绍了手
机短视频拍摄与剪辑的方法。本书共有三篇,第一篇主要讲解读者不可不知的手机摄影功
能的用法和照片拍摄的构图与用光技法;第二篇主要讲解人与生活景象、风光与花草、宠
物与美食等主题的拍摄,以及照片后期修图与美化方法;第三篇主要从拍摄与剪辑两个方
面详细介绍短视频创作的方法和技巧。

　　本书适合所有想要提升手机拍摄水平,创作出高质量作品的读者朋友阅读。通过学习本
书,零基础的读者也可以用手机创作出优秀的影像作品。

◆ 编　著　神龙摄影
　　责任编辑　罗　芬
　　责任印制　王　郁　胡　南

◆ 人民邮电出版社出版发行　　北京市丰台区成寿寺路 11 号
　　邮编　100164　　电子邮件　315@ptpress.com.cn
　　网址　https://www.ptpress.com.cn
　　北京盛通印刷股份有限公司印刷

◆ 开本：690×970　1/16
　　印张：14.5　　　　　　　　2022 年 6 月第 1 版
　　字数：246 千字　　　　　　2024 年 12 月北京第 4 次印刷

定价：89.90 元

读者服务热线：(010)81055410　印装质量热线：(010)81055316
反盗版热线：(010)81055315
广告经营许可证：京东市监广登字 20170147 号